原発廃止で世代責任を果たす

放射能汚染は害毒　原発輸出は恥

篠原 孝

Shinohara Takashi

創森社

まえがき

３・11の東日本大震災、とりわけ東京電力福島第一原発の事故は、我々日本人の今までの生き方に大きく変更を迫るものであった。つまり、今まで経済成長は当然のことと考えて欲望の赴くままに生きてきたことを反省するきっかけを与えてくれたと思っている。しかし、その後の政策展開をみると、必ずしもそうなってはいない。菅内閣が野田内閣に代わり、何もなかったがごとく平然とＴＰＰ（環太平洋パートナーシップ協定）への参加を言い出し、こそこそ原発の再稼働を図り、あろうことか輸出まで進めだした。野田総理が政治生命をかけるという消費増税も、党内には反対が多いにもかかわらず強行せんとしている。三つとも世間や党内の声をほとんど無視し、原子炉暴走よろしく暴走中である。我々は、この暴走を止めなければならない。

ＴＰＰと原発は、どこか根元でつながっている。国民生活や日本社会を破壊する点では同じものだ。ただ、物理的に国土を不毛にする原発と日本に定着した制度をアメリカ流に改変するＴＰＰの手法が違うだけである。両方とも、一利はあっても百害がありすぎ、嘘と詭弁で塗り固められている。２０１１年秋、私は、ＴＰＰを議論する会合に続いて、社会保障と税の一体改革の会合にも出席した。しかし、議論を聞いているとＴＰＰの会合に比べ空虚であった。消費税を上げるかどうかについては、大半の者がいずれは上げなければいけないだろうと考えていた。ただ、今この復旧・復興のときに必要なのか、他に先にやることがあるのではないか、デフレ脱却のほうが財政再建には役立つのではないか、ということで対立が生じているだけで、真っ向からの対立はなかった。12月29日、野田総理は社会保障と税の一体改革会合に自ら出席し、欧州の財政危機を例にとり、将来世代にツケを回さないために消費増税は不可欠だと力説した。それに対し、それならば、原発事故による放射能汚染というツケも忘れては困る、欧州の財政危機の二の舞になってはならないというならば、片方だけ学ぶというのはあまりにも都合が良すぎる、ドイツ、スイス、イタリアの脱原発の方針にも学ぶべきである、と率直な意見を述べた。

借金はデフレを脱却し、景気が良くなれば数年で解消できるかもしれない。消費増税など所詮予算のやりくりの数字合わせにすぎないからだ。それに対して、原発こそ不始末をしでかせば、何十年、何百年、あるいは何万年にわたって子孫にツケを回すことになる。

野田総理は、TPPに入っても日本の美しい田園風景は守るというが、福島県双葉郡は、人が住めなくなっている。交付金により30~40年の一時的な恩恵に浴したものの、ふるさとを追われる羽目に陥り、子孫だけでなく、ご先祖様にも申し訳ないことになってしまっている。将来世代にツケを回さないというなら、脱原発こそ先にやらなければならないことは明らかである。これが、「世代責任」である。それを消費増税だけ急ぎ、更に脱原発をほったらかして輸出までするのは、大きな矛盾である。

日本から1万㎞離れたドイツのメルケル首相は、かつて原発推進論者だったのに、福島原発事故の悲惨さを見て、180度転換して2022年までの全原発の廃止を決定した。日本の失敗に学んだのである。国家の方針を定めるに敏な名宰相である。ところが、その日本がヒロシマ、ナガサキで被害を受けたにもかかわらず、小さな国に54基もの原発を建設し、フクシマというチェルノブイリの原発事故に次ぐ大惨事を起こしながら、また再稼働しようとしていることに、世界は唖然としている。

日本は、韓国が韓ＥＵ（欧州連合）ＦＴＡ（自由貿易協定）、韓米ＦＴＡを進めているのを見て、慌ててＴＰＰへの参加に走り始めた。ところがその韓国では、韓米ＦＴＡが発効される前から再交渉すべしと大騒動になった。欧州の財政危機ならぬ、韓国の「外交危機」である。それが国内政治に大混乱をもたらしている。欧州のような財政危機に陥らないように財政再建するというなら、韓国と同じ外交上の失敗も繰り返さないために、今速やかにＴＰＰからは撤退すべきなのだ。韓国が同じ轍は踏むなと警告を発してくれているというのに、逆にＴＰＰ交渉に前のめりになり、他国の失敗に学ぼうとしない。日本も野田政権もあまりにも鈍感である。

欧州の財政危機に学んで、消費増税するなら、欧州の脱原発にも学ぶべきである。韓国の韓米ＦＴＡに見習えということでＴＰＰに入らんとしたなら、その韓国が韓米ＦＴＡで大混乱に陥っているのを見たら、ＴＰＰに参加するのを取りやめるべきなのだ。それを何一つ政策転換できずに将来世代にツケを回すのは「世代責任」の放棄であり、無責任極まりない。

野田総理は消費増税の必要性を世代責任で説明する。今の世代が贅沢をして繁栄を続け、後世代にツケを回すことはできない。私ならず、誰しも十分に納得できる。しかし、世代責任は借金だけにあるのではない。我々は今生かせていただいているが、地球を日本の国土を、祖先から預かって子孫に返すつなぎ役にすぎない。農業でいえば、自然に働きかけてその恵みを返していただいている。だから、ご飯を食べるときに「いただきます」と言って食べ始めるのだ。

石炭、石油の化石エネルギー源を悪者扱いするが、これは何千年前に生い茂った木が炭化したものと、何億年も前の微生物の死骸が地層の圧力で液状になったもの、つまり地球の生命・植物の遺してくれたものであり、太陽の恵みに変わりはない。

これに依拠して生きるべきだと仏教でも東洋思想でも教えており、我々日本人は自然に恐れをいだきながら慎ましやかに生きてきた。それが見事な田園風景や日本庭園につながっている。このことを別の観点から世界に諭した一人がシューマッハーである。シューマッハーは、巨大技術(Monster Technology)の代表として原子力を嫌った。そして、その代わりに、中間技術(Intermediate Technology)の重要性を指摘した。その典型は日本の農業技術、すなわち自然の恵みをいただく有機農業である。

原子力は、太陽起源でない初めてのエネルギー源である。その点で際立っており、一つ間違うと危険極まりないものである。その制御不可能な危険性はスリーマイル島、チェルノブイリ、フクシマで明らかになった。我々は、やはり、このいかがわしいものを止めるべきなのだ。原発事故は、国境を越えて放射能汚染をもたらすことから、原発は一国の判断で勝手に建設したり管理させたりするわけにはいかない面もある。日本は幸い四方が海に囲まれているが、脱原発のドイツは、チエコ、ポーランド、フランスの国境近くに原発があり、ドイツ国民は他国の原発にも不安を覚え、睨みをきかせている。日本とて、北朝鮮や韓国で原発事故が起こったら大きな影響を受ける。

それでも日本が原発を再稼働したり、新規の原発建設をしたりするのは、私は反対だが、一国の判断に任されるとしよう。しかし、自国で原発事故の収束もままならず、新設を断念しているものを、儲けのために外国に輸出するのは、どう考えても卑劣である。典型的なエコダンピングだからだ。国民に我慢を強いる消費増税を課そうとしている一方で、東芝、日立、三菱重工等の原発企業が国内で建設が無理なら輸出しないとやっていけないと訴え、それに応じて輸出させているのは見苦しいかぎりである。

先の臨時国会で衆・参議院の30~40人の議員は、ベトナムやヨルダンへの原発輸出の前に必要とされる原子力四協定の承認に賛成しなかった。まさに良識の発露である。もしも、原発事故が起きたら、ベトナムやヨルダンの将来世代にもツケを回し、「世代責任」を問われることになる。日本は「死の商人」を避けるべく「武器輸出三原則」があるというのに、危険極まりない原発を輸出することにより、「死の灰商人」になろうとしているのだ。世界からエコノミック・アニマルならぬ、ニュークリア・アニマルと呼ばれ、環境団体等から蔑視の対象になることは間違いない。

日本には、もう一つ「非核三原則」という、原爆被災国ゆえの賢いルールがある。それにもかかわらず、野田総理は就任早々に行った国連の代表演説では、福島原発事故処理の目途がまだついていないのに、原発維持を高らかに宣言して、外国の良識ある人々を呆れさせている。世界は、脱原発の方針を明らかにすると思っていたのだ。世界の感覚と大きなずれがある。

それに加えて、2012年3月26、27日にソウルで開催された「核安全保障サミット」でも、原発がテロの標的にされたらひとたまりもないことを認めて、その観点から福島原発事故の教訓を述べるべきところ、消費増税の党内議論の最終局面が気になり、そそくさと帰国してしまった。福島原発事故による被害が甚大なことを知った、テロ国家なりテロ集団が原発を攻撃し、電源喪失が起きたらどうなるか、日本こそ身に染みて感じていることである。消費増税どころの話ではない。だからこそ、各国首脳が一堂に会しているのだ。

原爆と原発事故の二重被災国日本は、例外的に認められている核燃料サイクル（プルトニウム再処理）も断念し、核不拡散にも率先して協力すべく、原発輸出もしないと宣言してもよい場だった。原発はいつでも原爆に変わるおそれがあり、原子力協定で止められる話ではないからだ。8章で述べる「非核四原則」である。それを、ほとんど日本の存在感がみられないという惨めな外交的失敗を繰り返している。

ＴＰＰと原発は、民主党のみならず、野党でも意見が大きく分かれている。もし、総選挙で国民に信を問うとしたら、世上でいわれる消費増税ではなく、ＴＰＰが先であり、次は原発である。

あまりよく理解されていないと思うが、ＴＰＰこそ破壊的である。例えば、貧乏人はおいそれと医者にかかれなくなるかもしれない。そればかりではなく、沈着冷静な対応を世界から絶賛された日本の「絆《きずな》」社会をバラバラにしてしまい、それこそ後世代に禍根を残すことになる。消費増税は目先の予算のやりくりの延長の話でしかないのに対し、ＴＰＰと原発は国家の存立や社会の安定にかかわる問題なのだ。つまり、再び大きな原発事故が起これば、日本は人が住めなくなるかもしれないし、ＴＰＰでグローバリゼーションとやらが進めば、寒々とした無縁社会になってしまうかもしれないのだ。従って、この二つが今後どう動くかによって、日本の将来が大きく変わってくる。

我々はここで「世代責任」の意味をじっくり考えなければならない。消費税どころの話ではない。

この二つの課題への対処には、それぞれの価値観なり、人生観が如実に出てくる。そして、政治家はどう行動するかで真価が問われることになる。それぞれが次の選挙の前に態度を鮮明にして、有権者に選んでもらったらよい。これで政界再編につながっていくのが自然であり、すっきりする。

私は、TPPと原発には反対だが、消費増税には反対していない。一内閣一仕事、我々が選んだ野田総理である。少々疑問符がついても、総理の力を入れる目玉政策は、党を挙げて取り組まなければならない。ただ、党が慎重にという結論を出したTPPは、韓国の韓米FTAの成り行きをみてから判断することとし、脱原発の道筋をきちんとつけてからにすべきである。なぜなら、野田総理にとっても日本にとっても、東日本大震災、特に福島原発事故の収束こそ最優先課題だからだ。あちこちに手を出している余裕はない。

私は、2011年秋以降、TPPと原発という日本の二大課題が気になり、一つの本にまとめるべく毎夜、議員会館でこの原稿を書き続けた。ところが、勢い余って分量が多くなりすぎたため2冊に分けなければならなくなってしまった。TPPについては先に『TPPはいらない！――グローバリゼーションからジャパナイゼーションへ』（日本評論社）として出版している。その意味では、本書との姉妹書である。思いは同じなので、本書のまえがきは前著のまえがきやあとがきとだぶることをお許しいただきたい。なお、文中の敬称は略させていただいた。二つの本を読み比べていただけたら幸いである。

2012年 4月

篠原 孝

原発廃止で世代責任を果たす～放射能汚染は害毒 原発輸出は恥～――もくじ

放射能汚染のすさまじさを教えるために残された3本の黒焦げの木（著者の訪問地チェルノブイリ原発の石棺近くで。2011年4月）

1章

放射能汚染による農産物の出荷制限・作付制限

初動が大切な危機管理対応

恐れていた原発事故

東日本大震災の起きた2011年3月11日金曜日午後、私は農林水産副大臣室にいた。そこに大きな揺れがきた。テレビをつけて震源や震度を確認しているうちに、ふと原発のことが頭によぎった。震源地が三陸沖、最初に頭に浮かんだのはすぐ近く、宮城県の女川《おながわ》原発（東北電力）である。水産庁の企画課長時代、町長がよく陳情に来ていたからである。正直なところ、福島原発は離れているので思い浮かばなかった。

まもなく、福島第一原発が津波に襲われ大変な事態になっていることがわかった。私は愕然とした。なぜならば、スリーマイル島の事故以降私は原発の安全性に疑問を持ち続けていたからだ。

広瀬隆は、大きな津波が来る前に潮が引く、その引いた潮が押し寄せるときに海水を取り込んでいる冷却装置の中に砂が埋まって、冷却装置が働かなくなって、放射能漏れが始まり、原子炉が崩壊すると書いていた。他の多くの本も、地震国日本には原発は向かず、原発そのものが大地震で壊れると指摘していた。

菅直人総理（当時）は、東京工業大学卒で原発の専門家だと言っていたそうだが、その言葉を借りて言わせてもらうと、私は放射能による食べ物汚染をずっと追いかけてきた専門家の一人だった。私は「日本有機農業研究会の霞ヶ関出張所員」と揶揄され、農水省の同僚や上司から白い眼で見られながらも、食べ物の安全性に関心をいだく消費者グループの皆さんとも付き合い、原発・放射能汚染問題についても真剣に取り組んできた。

3人の専門家からの聞き取り

しかし、原発の事故そのものについては素人である。旧知の本当の専門家、槌田敦（元理化学研究所）・槌田劭《たかし》（京都精華大学教授・元京都大学助教授）、藤田祐幸（元慶応大学助教授）、室田武（同志社大学教授、元一橋大学教授）の4人にすぐ電話をかけたところ、前の3人にはすぐ通じた。皆一様に心配していた。私は次々に質問をし、答えをメモにした。そしてそのメモを官邸に届けようとしたが、秘書官に電話しててんやわんやしていることがわかったのでFAXを送るにとどめた。危機的状況においては、本当は「原子力ムラ」の学者よりも、反原発の立場から原発事故の研究をしている学者の意見こそ聞くべきところ、政府はそんなことをした気配がない。その一部を紹介する

3人の専門家の現状認識

・炉心溶融（メルトダウン）が始まっているのではないか。
・メルトダウンであるとすると冷却できず、圧力容器もダメになる可能性がある。
・溶融した炉心が水と接触すると大規模な水蒸気爆発になる恐れあり（チャイナシンドローム）。
・燃料はジルコニウムの中だが、高温（２０００℃ぐらい）で水と接触すると水素が出てきて、水素爆発が起こっているのではないか。
（斑目原子力安全委員長が菅総理に「ない」と言ったという水素爆発は、私の知る専門家は二人ともありうると言い、３月12日にその可能性を指摘していた。原子力ムラの学者は役に立たず、市井の学者のほうがわかっていたのである）
・スリーマイル型でありチェルノブイリほどひどくはないが、だんだんひどくなっている。

対応の仕方

・ヨウ素、セシウムが出ているようであり、10㎞以内は避難するべし。
・放射能の出具合により徐々に避難を30㎞以内に広げていくべし。
・雨が降ったら汚染が広がるので要注意（チェルノブイリでは、北北西に風が吹き、雨が放射能を運んで、北側の汚染がひどくなった）。

食料汚染

・農作物は、人間よりも広い範囲で汚染され、それを食べると体内に入るので、１００㎞

ぐらいをすべて出荷停止すべし。

・風評被害が問題であり、善良な農民に打撃を与えてはならない。

・チェルノブイリのときは370Bq（ベクレル）／kg以上を輸入制限したが、この暫定値は疑問。もっと厳しくすべし。

・食品の放射能測定体制を整え、合理的な基準値の策定を急ぐ必要あり。

翌日までに、その後の展開の大半を言い当てていた。やはり、常に反対の見地からみてきた専門家の見解は、的を射ている。医者の世界のセカンド・オピニオンであったが、官邸は混乱を極め、とても届かなかったのだろう。

370Bq／kgで輸入農産物を制限

そのときの農産物の輸入の制限の数字が、370Bq／kgだった。

日本は1986年11月からチェルノブイリのあと汚染されたヨーロッパからの輸入食品の検査を始めた。

チェルノブイリの事故情報が最初に世界に知れ渡ったのは、スウェーデン中部のフォルスマルク原発の放射能検査器が反応したからだ。雨雲がウクライナ上空を北へ移動したのが4月28日であり、トナカイで暮らすラップランドも汚染されていた。南はそれほどでもないと思われていた

原発事故を想定した本

エネルギーと エントロピーの 経済学	室田武	東洋経済新報社	1979.11.	スリーマイルで起こったこと、あるいはそれをはるかに上回る終末世界は、明日にでも、福島県で……発生しうることである。
ポスト・チェルノブイリを生きるために：暮しと原発	藤田祐幸	御茶の水書房	1987.10.	地震により交通・通信などがパニックに陥っているとき、大口径配管にギロチン破断が発生し、冷却材喪失からチャイナシンドロームに至る。 日本の原発はどこも過密状態で、事故が連鎖的に複合的に起きると日本はもちろん地球規模で絶望的な災害をひきおこす。
危険な話—チェルノブイリと日本の運命	広瀬隆	八月書館	1987.4.	地震のため蒸気発生器が連続破壊する、津波がぐんぐん海水を沖合に引いていく、巨大な振動のため制御棒を突っ込むことができない、ＥＣＣＳはポンプの主軸が折れていた、そしてありとあらゆるパイプから水が噴出し… 福島県に９基あり…ここで津波が起こって… 間違いなく、数年以内にこの日本で末期的な大事故が起こるでしょう。
脱原発・共生への道	槌田劭	樹心社	1990.4.	冬に若狭で原発事故が起こると、放射能が北風にのってやってきて雪と一緒に降ってくる。
放射能汚染の 現実を超えて	小出裕章	北斗出版	1992	1970年代から、原子力発電所はいつか大事故を起こすから、その前に止めるべきだ。
脱原発のエネルギー計画	藤田祐幸	高文研	1996.2.	巨大地震・直下型地震による破壊、津波の引き潮による冷却水ポンプの空回り、津波による非常用補助発電機の冠水等。
原発震災— 破滅を避けるために	石橋克彦	『科学』（岩波書店	1997.10.	大地震によって原子力発電所が炉心溶融事故を起こし、地震災害と放射能汚染の被害が複合的に絡み合う。
放射能で首都圏消滅	食品と暮らしの安全基金	三五館	2006.4.	東海地震で浜岡原発が破壊。
巨大地震が 原発を襲う	船瀬俊介	地湧社	2007.9.	チェルノブイリ事故も地震で起こった。 震度４でも原発の内部破壊が起きる。 大地震では何でもあり。 大津波が原発を呑む。
原子炉時限爆弾 大地震におびえる 日本列島	広瀬隆	ダイヤモンド社	2010.8.	東海大地震…制御棒の駆動装置は間に合わず、原子炉の溶接部分に亀裂、パイプが破断、水蒸気が爆発状態で噴出、緊急炉心冷却装置（ＥＣＣＳ）のパイプも破断し空焚き、メルトダウンに向かう。巨大な津波が襲いかかる。

が、やはり近くは危なかった。その後日本でも１９８７年1月トルコ産のヘーゼルナッツ、2月にトルコ産の月桂樹、セージ葉が規制値を超える。スウェーデン産のトナカイも汚染されていた。スパイス類がダメージを受け、消費者が神経質になったことがあった。

大半の人たちはもう忘れてしまっているだろうが、当時、日本でも反原発が盛り上がった。

ガソリン不足1か月に対し、食料が不足しなかった理由

私は、鹿野道彦農相の陣頭指揮のもと、被災地に食料を輸送することに全力を挙げた。この話は原発事故に直接関係ないので、詳細は省くが、北沢防衛相、小川副大臣等政務三役と連絡をとり、食料を小牧基地等から自衛隊機により花巻空港、福島空港に運んでもらい、そこから被災地に届けた。

北沢防衛相は私の政治の指南役、小川副大臣は宮崎の口蹄疫《こうていえき》現地対策本部で本部長と副本部長のコンビで寝食をともにした仲。役人に任せていたら、埒が明かなかったことを、緊密な個人的関係もあり、政治主導により対応したのである。被災地への食料の搬送はそこそこうまくいき、ガソリンや重油が1か月以上も滞ったのに比べれば、食料不足ということはほとんど聞かれなかったのではないかと思う。

何も問題が起きなかったので、世間から誉めそやされることはなかったが、農林水産省の地方組織が、食糧事務所以来の主要食料の配分についての知識・ＤＮＡがまだ残っていたこと、そし

て、農業関係者・食料関係者が全力を尽くして対応したことが、今回食料不足にならなかった一番の要因である。効率一点張りで、製油所も集中、在庫も持たなくなった石油業界は、危機に当たり無様な姿をさらけ出した。危機管理には平素の無駄が伴うのだ。安全保障を考える上で大きな教訓を残したのが、食料とガソリンの調達度合いの差である。

暫定規制値以下しか流通させず

放射能汚染対応に陣頭指揮

前述のとおり、原発事故のあとすぐに頭をよぎったのが、放射能に汚染された農産物のことである。食の安全問題を直接担当する消費安全局は、筒井信隆副大臣の担当だった。筒井副大臣は先輩で民主党農政の中核となって支えてきた農業の専門家であり、二人で力を合わせながら対応した。鹿野農相は、声を張り上げ陣頭指揮し、放射能の汚染問題については我々副大臣以下を的確に使いこなした。その的を射た指揮振りは、傍らにいて惚れ惚れするほど見事だった。自民党時代に農相を務めており、勘所を押さえる術《すべ》を承知している信頼できる指揮官だった。自ら何をし、何を任せるか、その辺の呼吸の取り方も他の経験の浅い閣僚には見られないものだろう。

私は、出荷制限するに当たり、適当な基準値がないこともわかっていた。しっかり対応しないと大変なことになることが予測されたので、食料調達に忙殺される合間をぬって、11日の夕方、危機管理の担当審議官と課長を呼び、厚生労働省と話をつめて、速やかに対応するようにと指示した。

当然のことながら食料の緊急輸送に忙殺されていたので、気になっていたが12日（土）は黙っていた。しかし、13日（日）、大臣室でその後何度も開くことになった幹部クラスの打ち合わせで、どうなったかと問いただしたところ、厚生労働省の幹部が出勤していないのでまだ何も進んでいないというがっくりする答えが返ってきた。私は思わず大声を発してしまった。

あまり詳細なやりとりを明らかにするのは好ましくないかもしれないが、このときのことだけは記しておく。

いつもそれほど大声をあげない（？）私の大声に、一同一瞬シーンとなった。その中で口火を切ったのは温厚篤実な幹部である。消費安全局長を歴任しており、その当時もいかに厚労省が消極的権限争いをして県に押し付けているだけで仕事をやりたがらないかを述べ、「農水省としては対応しきれない」と珍しくきっぱりと反論した。それに2～3人の幹部が追従した。私は「どの省庁がやろうが同じだし、緊急事態なのだから農水省側からがんがん言って動かさないとダメだ」と念を押した。組織的対応をしたほうがいいので、担当を危機管理担当の官房の課から食品の安全問題全体をとりしきる消費安全局に移すことにした。そこですぐさま消費安全局を中心に、14日（月）から可及的速やかに、放射能に汚染された農産物の出荷の制限について検討するように命じて、この対応が始まった。田名部匡代政務官は後々この日を振り返り、「あの優しい人があんなにきつい口調で話したのは初めて見た。あんな火花が散った場面はなかった」と私にしみじみ言ったことがある。確かにきわどい場面であった。

第一に体内被曝を抑え、第二に風評被害防止

出荷制限といったような措置は第一義的には厚労省の所掌だが、こんな緊急事態にはそんなことは言っていられない。国民の体内被曝を抑えることが第一、それから過剰な風評被害を防ぐ必要がある。そのためには汚染されて危険な農産物は絶対市場に出回らせず、その代わり市場に出て店頭に並んでいるものは安全だと消費者にわかってもらうしかない。

いろいろな食品安全基準があるが、放射能汚染ということが予想されたにもかかわらず、厚労省も食品安全委員会もこの基準は作っていなかった。ここにも「原発絶対安全神話」がはびこっていた。

事務方同士に任せていたが、何事にも慎重な厚労省の事務方は基準値はないの一点張りで話が進まないので、政務二役が連絡をとり合い、事を進めた。筒井副大臣も岡本充功厚労政務官も「食の安全議員連盟」の仲間であり、小宮山・大塚両厚労副大臣も電話ですぐ話が通ずる仲である。今は、民主党衆議院議員は300名を超え、全体で400名を超える大政党となったが、1

50名ぐらいの弱小政党のときもあり、民主党の3期生以上はほとんどが知り合いだった。こういう緊急時には顔見知りゆえのツーカーの政治主導が働いた。前述の食料の自衛隊機による輸送と同じ構図である。

500Bq／kgの暫定規制値

しかるべき数値としては、セシウムでいえば1999年9月　東海村JCO（核燃料加工施設）臨界事故後の2000年に原子力安全委員会が、原子力緊急事態の際の「めやす」として作っていた「飲食物摂取制限に関する指標」の500Bq／kgの暫定規制値以外になかった。何よりもぐずぐずしていられなかった。

3月15日、16日と続けて、官邸の原子力対策本部会合では鹿野農相から基準値の早期認定を強く主張していただき、枝野官房長官（原子力災害対策特別措置法担当）、蓮舫消費者担当大臣、細川厚労相の四関係閣僚会合で大筋を決めた。

ただ今回は、何事も「原子力災害対策特別措置法」（原対法）に基づく内閣総理大臣指示で行わないとならなかった。そこで3月19日（土）に私が官邸に出向き、最終調整を行った。後々よく言われることになるが、これ以下は絶対安全で、これ以上はダメという、いわゆる「閾値《しきいち》」はない。しかし、国民には数値を出して説明していかなければならない。

日本の消費者は世界一放射能に敏感

食品の安全性について各国民はかなり違った行動をとる。例えばアメリカ国民は、牛海綿状脳症（ＢＳＥ）や遺伝子組み換え作物（ＧＭＯ）にはあまり関心がなく、Ｏ-１５７には非常に関心が高い。

イギリス国民は、ＢＳＥで科学や医学に不信を持ち、ＧＭＯには拒否反応を示す。日本人の場合は、世界で最も食の安全に敏感な国民であり、特に放射能には拒否反応が強い。

規制値を設けて出荷制限をしなければ、北関東なり東北の野菜はすべて拒否されて、市場や店頭はてんやわんやになる可能性がある。逆に、放射能汚染度合いの情報をすべて公開し、規制値を上回るものは市場に出さず、市場に出ているものは安全だということを徹底すれば、日本の物のわかった消費者はいつか理解してくれるという自信があった。

初の出荷制限

こうしてやっとのこと、市場が動き出す3月21日（休日の月曜日）には、暫定規制値３００Bq／kgを超えたものは出荷を制限するということにした。まず、3月19日、福島の原乳が放射性ヨウ素暫定規制値を超える１５１０Bq／kgを記録。次いで茨城県のホウレンソウから２０００Bq／kgを大幅に超える１万５０２０Bq／kgの放射性ヨウ素が検出された。その後続々と規制値超えが続き、福島・茨城・群馬・栃木のホウレンソウ、カキナの葉物野菜は、降下した放射性物質が葉に付着しやすく、規制値を超えたため、出荷制限した。同時に福島と茨城の原乳も出荷制限となった。

農産物の産地表示は一般に都道府県名であることから、都道府県単位とした。これだと被害もそれほどないのに何で出荷制限するのか、という問題が生じるのはわかっていたが、県より小さい地域ごとの検査体制も整えられず、きめ細かな仕組みは無理だった。ともかく急ぐ必要があり、どのみち当初は相当の買い控えが予想されたことから、出荷制限は県単位とし、その代わり、解除はきめ細かくすることを考えていた。

出荷制限なので、検査は生産地のなるべく近いところで行い、規制値を超えたら全県が出荷を取りやめるという厳しい措置をとり、すべて各県に任せて直ちに公表することにした。この点も他の分野では後から公表されるものも多かったが、我々は消費者にこれ以上の不安を与えてはいけないので、何事も直ちに公表することにした。

危機管理の要諦は、最悪の事態に備えるべく対応することに尽きる。私は、１９８０～82年の内閣総合安全保障関係閣僚会議担当室に出向し、日本にはずっと欠落していた総合安全保障についてとくと勉強する機会を得ていた。そのとき以来、安全保障問題はずっと追い続けてきている。その延長線上で、危機管理についてもかじったことがあり、その知識がこんなふうに役立つとは夢にも思わなかった。

東電による損害賠償等次々に決められる新しいルール

その一方で自らの責任がないのに、出荷できなくなった農家に迷惑をかけるわけにはいかず、その損失は全面的に補償することを同時に進めていた。こうした被害に対しては、「原子力損害賠償法」（原賠法）により、一に東京電力、二に政府が補償することになっている。酪農家は餌だけ与え原乳は出荷できずに捨てなければならず、経費がかかって収入がないため当座でも困る。そのため仮払いの必要があり、農業関係金融機関のつなぎ融資の仕組みも設けた。

この方針はほぼ功を奏し、消費者もパニック状態から抜け出した。福島県の農産物あるいは近隣の茨城・栃木・群馬等の農産物が、ＪＣＯ事故のときのようにすべてストップされるという事態は回避できた。それどころか、イトーヨーカ堂やイオンが福島県を応援するためセールを開いてくれ、モスバーガーが福島県産を使うように全国に指示を出してくれた。まさに、企業の社会的貢献の見本であり、心から感謝したい。

他の原発事故対応については、後手後手に回り、いろいろすったもんだがあったようだが、この野菜・原乳の出荷制限については非常にスムーズにいったと思う。ただ、検査対象がごまんと生じたのに、ゲルマニウム半導体検査器という精度の高い機器は1・5ｔ近くの重量で、かつ1500万円と高く、日本には少なかった。それに検査に1時間もかかり、この点でも日本は準備態勢が少しもできていなかったことになる。厳格な厚労省は、簡易スペクトルメーターという4

00万円くらいの機器による検査をなかなか認めなかったが、これまた政務二役がとりしきり、例えば米の事前のサンプル調査には認めるなど、きめ細かな対応が徐々にできあがっていった。

私は、ウクライナでは学校や食品売り場、産地等どこでも放射能検査をしており、たくさんあるのだから安いウクライナの検査機器を大量に輸入したらよいと提案したが、どうも旧ソ連圏の機器は信用できないという専門家もおり、実現しなかった。今はシンチレーター（放射能が当たると微弱に光る物質）を使う検査機器が島津製作所や富士電機で作られているようだ。それにしても、測定器の類は日本の得意分野のはずであり、一日も早く高性能で安く、短時間で検査できるものを造ってほしいものである。そうなると、生産地でも消費地でもどこにでも置いて検査をし、汚染されていないことを確かめることができる。

海の魚にも広がる汚染

その後、検査が進むにつれ、他のものも汚染されていることがわかり、福島の場合はキャベツ、ブロッコリー等も制限されることになった。

4月4日（木）には魚のイカナゴ（コウナゴ）にも広がった。北茨城市平潟漁協の漁は3月のコウナゴ漁から始まる。4月1日に漁獲したコウナゴは4080Bq／kgの放射性ヨウ素を検出した。魚には半減期8日の放射性ヨウ素の規制値は定められていなかったが、野菜の2000Bq／kgを準用することとした。漁はすぐ自粛を余儀なくされた。セシウムにも汚染されていることも考えられた。海は広く速やかに希釈され、魚はそれほど汚染されないと思われていたのに、4月28日には、やはりセシウムも規制値500Bq／kgを超えた。福島の河川・湖沼の淡水魚も規制値を超えた。その後、汚染は海水面の小魚から海底のカレイや岩場のウニ、貝にも拡大している。

ところが、東電は4月21日に、少なくとも4700テラベクレルと年間限度の2万倍に相当する汚染水が流出した、と後出しで明らかにした。放射能による海洋汚染は、イギリス中南部のセラフィールド使用済み燃料再処理工場が1950年代以降に廃液を海に放出し、国際的な問題になった。海は世界につながっており、すぐさま各国から猛批判を受けた。太平洋を隔ててつながるアメリカは、メルトダウンした原子炉から高濃度の汚染水が漏れ続けていることをいち早く察知し、低濃度の汚染水は海に流してしまい、高濃度の汚染水を代わりにタンクに貯めておくように伝えてきた。これにより、日本は大量に汚染水を海に流出させることになった。

海の場合、気をつけなければいけないのは、食物連鎖による放射能の濃縮である。一時マグロの水銀が問題となったが、動植物プランクトン・小魚・大魚・人間というのは、科学物質も重金属も放射能も共通である。広い海で希釈されているから大丈夫といかないところに問題がある。粘り強く測定し、規制値を超えたものを市場に出さないことが肝心である。

徐々に整備されていく解除ルール

その後、出荷制限解除については、概ね3週間連続で規制値を下回った場合に解除することにした。また、予定どおり市町村等の地域ごとに制限や制限解除ができるようにした。このあたりになると、ほとんど役人ベースで話が進み、我々政務三役は前面に出なくともよくなる。

第一回の解除は、4月8日に福島県会津地方の7市町村で生産された原乳と群馬県産のホウレンソウ、カキナについて行われ、その後は放射能漏れが落ち着くにつれ徐々に解除が広がった。オイシックスのアンケートによると、77％の人が規制値以下であれば購入すると答えている。これも予想どおりで、我々の情報公開と迅速な対応が消費者にも受け入れられたのである。

稲の作付制限

降下する放射性物質の付着による農作物の汚染は一時的である。それに対し、半減期の長いセシウム（30年）やストロンチウム（29年）による土壌の汚染は長期間に及び、そう簡単には除去できない。稲については長年の研究成果の統計的分析から、土壌中の放射性セシウム濃度と、そこで生産された米の放射性セシウム濃度の関係は、0・1程度とみておけばほぼ大丈夫であろうということになった。従って、穀類のセシウムの規制値が500Bq／kgなので、10倍の5000Bq／kgに汚染された土壌で栽培した米は、出荷できなくなる可能性がある。

そこで4月8日に、稲については5000Bq／kg以上に汚染された土壌での作付けを制限することに決めた。翌週に各地の土壌調査結果が明らかになった時点で、地域を指定することにした。ところが、官邸がその元となる避難区域等の決定に手間取り、延び延びになった。22日にやっと原発事故に伴う「警戒区域」、「計画的避難区域」、「緊急時避難準備区域」が決められたところ、５０００Bq／kgを上回る地域はすべてこれらの区域内にあったことから、そのまま稲の作付制限対象地域とし、約７０００戸、１万ha（５万t分）を作付けできないこととした。

他の作物については、稲と同じ知見がないこともあり、今回、作付制限は設けられていないが、収穫後の検査で規制値を超えた場合は出荷制限される。

私は、９月の内閣改造で閣外に去った。その後、残念ながら福島県が「安全宣言」をした直後に、福島県の米が一部で５００Bq／kgを超えてしまい、消費者の不信を招いてしまった。本件についてもいろいろ考えることがあるが、本節は私の副大臣時代の対応をもとにしていることから、多く割くのは控えることにする。結論を言えば、汚染の恐れが高い地区は、出荷時点でなるべくきちんと検査していく以外にないと思う。

なるべく作付けし、全袋検査という現実的対応

その後の展開をみると、いわゆるホットスポットがあちこちでみられ、５００Bq／kg超えが丘のふもとの砂地の水田でみられた。また、２０１２年４月からは１００Bq／kgの新しい規制値が適用される。土壌汚染マップと今回の規制値を超えた米が検出された地域とを照らし合わせて、２０１１年と同じく、今度は１００Bq／kg以上の米が生産される可能性のある地域は作付制限していくのも一つの考えである。また、作付けしないと農地、特に水田は荒れる。農民の心も荒《すさ》

む。除染が進むこともあり、検査機器が揃えば、なるべく作付けし、水田ごとに検査して規制値以下なら出荷するという手法もある。

私が、このように主張している間に、農水省は100～500Bq／kgの間のセシウムを検出した地域について、2月には一旦作付制限の意向を示したが、現場の作付けしたいという要望に応え、相馬市旧玉野村の約80haを除き、すべて作付けできることにした。全量管理と全袋検査を行うなど「管理計画」を策定し、安全性を確保することが条件となっている。極めて妥当な決着である。

今後は規制値を超えた米はエタノール用に回すなどの工夫もありうる。また、今後の成り行きにもよるが、2年後まで100Bq／kgを超えた場合には、思い切って超多収穫米に変え、最初からエタノール用とし、かつ菜種との二毛作にして農地の生産力を維持しつつ、段階的にベクレル値を下げる工夫をすることも考えられる。こうした試みに対し、賠償なり補償して支援することは当然である。いずれにしろ、今後検討して決めていかなければなるまい。

必要な「食品安全庁」

原発事故による放射能汚染を予想していなかったため、すべてが前例のない対応となった。また、悪いことに食品安全行政は厚労省と農水省に所管が分かれている。更に第三者機関として消費者庁、食品安全委員会がある。私は、絶対に食品安全庁一本にして、食の安全行政を担当させるべきだと思っている。

十数年前に世界中で、食の安全行政はシングル・エージェンシー（Single Agency）化に向けて改革が行われた。その点、日本だけが遅れている。世界では食べ物が口に入るまでは、生産担当部局すなわち農水省が担当しているのが普通だ。きれいごとでは第三者機関というが、行政をするところがすべてを取り仕切るのが、一番効率いい。

これを言うと、原子力問題について推進とチェックが同じ省にあるのが問題だということで、原子力保安院が原子力規制庁となり、環境省に移るのと逆行すると反論が出る。しかし、食の安全についてはそのような大きいごまかしはないし、組織をいくつも設けるのは非効率である。今回の放射能汚染に対する情報公開をみればよくわかるだろうし、この世界に「食の絶対安全神話」などもともと存在しない。

折衝の過程で、官邸も厚労省も規制値を設けて出荷制限することに、農林水産省が反対すると勘違いしていた。優しい大塚厚労副大臣は、農家にとって５００Bq／kgでは厳しすぎるのではないかと心配してくれた。事実は農水省が最も積極的に今回の措置を進めたというのに、誠に心外なことであった。厚労省は省庁統合により大きくなり過ぎており、年金、介護、医療に大わらわで、食品安全行政は二の次になってしまっているとみられる。

今回のように、緊急を要する放射能がらみの食品安全行政を素早く遂行していくにも、やはり世界と同様、食品安全行政を一括して担当するようにしていかないとならない。世界はＢＳＥや

GMOの対応で、既に農業生産担当部局に一元化が行われているが、日本は未だにバラバラである。民主党がマニフェストに食品安全庁の設立を挙げているのは、当然であり、我々はこの実現を急がねばなるまい。

某県の的外れ陳情

厚労省は、まず検査対象を福島県の周りの県に広げた。そのあと、500Bq／kgを超えた農産物があった場合、その隣の県も念のために検査対象県とすることにした。その結果、茨城、栃木、群馬で500Bq／kgを超えたホウレンソウ等が検出されたので、その隣県である、新潟、長野、山梨、埼玉、千葉、東京まで検査対象県とし、全部で13都県に及ぶことになった。予防的な検査だったが、検査対象県が汚染されていると勘違いされ、後々海外から輸入の禁止的措置をとられることになった。国民の食の安全を守るため仕方のない措置であった。

4月8日、某県幹部が農林水産副大臣に陳情に訪れた。検査対象にしたことで県内の農産物が不信感を持たれることになり、風評被害が生じているという苦情が主だった。

私からすると、とんでもない言い掛かりだった。消費者の安全・安心のために検査をしているのであって、検査しないで放っておいたら数値は出ないし、汚染されていても流通してしまう。その幹部は、消費者団体で消費者問題をずっと担当した後、消費者庁で勤務していたと聞いていた。普通の人ならともかく、長年消費者行政を担ってきた者が、検査をしてはならないというのには唖然とした。

しかし、後述する牛肉汚染の後は、宮城県から汚染稲わらも入っておらず、全く汚染の危険性がないにもかかわらず、その県も自主的に検査をし始めた。1回2万～3万円かかる無駄な経費である。国が検査をすれば怒り、検査は不要なのにするのは全く支離滅裂である。ただ、市場や消費者は、牛肉の汚染を疑ってかかっており、ともかく、買ってもらうためには、検査済みとしなければならないという実情もある。これもまた、紛れもない原発事故の被害なのだ。

対応ミスの茶と大失敗の牛肉汚染

お茶関係者には迷惑をかけた生茶葉500Bq／kgの暫定規制値

順風満帆に思えた農産物の出荷規制も、5月11日、神奈川県南足柄市の新茶に500Bq／kg以上が検出され、混乱が生じた。神奈川県は、それまで汚染された農産物の出た県でもその隣県でもなく、義務的調査県ではなかったが、自主的な調査でわかったことだ。寝耳に水のことであった。静岡でも調査したところ「本山茶《ほんやま》」からも規制値を超えるセシウムが検出された。数百km も離れているところにも風で放射能が運ばれていたのだ。

原因を究明してみると、他の農産物の汚染と異なり、降下によるセシウム汚染でもなければ、土壌から吸収されたものでもなく、古葉に付着したものが葉面から樹体に吸収され、新芽に移行し濃縮したものと推定された。要は、吸収した栄養分を新しい葉に送るという、植物生理学的に説明がつく移行だった。

私は週末には部下には電話しないことにしていたが、この問題の対応を間違うと混乱を招くことを察し、このときは禁を破り担当者数人に電話した。「生葉が乾燥すると5分の1の重量になる。そのときには、5倍の2500Bq／kgの基準にしなければいけない。しかし、必ずや流通するものすべて500Bq／kg以下でなければいけないという声が出てくる。それでは現場が混乱するので、他の作物と同様に出荷のときの検査で対応を一本化せよ」と厳命した。なぜならば、ベラルーシでは、先刻そういった問題が明らかになっており、生のキノコは370Bq／kgなのに対し、乾燥キノコは2500Bq／kgといった具合で、現実に合わせた細かな数値が決められていたからだ。

日本の場合は、飲料については200Bq／kgであるが、食べ物についてはすべて500Bq／kgという暫定数値でやっているので、そのような問題が生じるのは明らかだ。担当者は私に「来週の5月18日（水）には、すべて決めますから安心してください」と答えた。ところが予想したとおり、すったもんだして、原子力災害対策本部で決定したのは6月2日になってしまった。しかも、危惧したとおり、生葉も荒茶の製茶もすべて500Bq／kgというもの。

批判を恐れ安全に流れた厳しい暫定規制値

この件については、すべてを記していると長くなり、また差し障りもあるので、多くを省かざるを得ない。この中で私と同じく正論を吐かれていたのが、川勝平太静岡県知事だ。官邸も巻き込み、厚労省ともすったもんだした挙句、結局残念ながら、荒茶も製茶もすべて５００Bq／kgの厳しい規制になってしまった。私が絶対に避けたかった結果である。

なぜこんな愚かな結果になったのか、私は今もって信じられない。普通にお茶で飲む場合は、30倍から50倍に薄めることになる。従って、元々の生茶の５００Bq／kgということすらきつすぎるということになる。ただ、粉末のお茶をそのまま食べるなら製茶５００Bq／kgでなければならないが、それは「飲用」と記すことで足りる。つまり、２５００Bq／kgは、30倍に希釈した場合は、80Bqぐらいということになり、ペットボトル飲料の２００Bq／kgとも齟齬《そご》をきたすことになる。いずれにしろ、きつすぎる規制だ。

当時、子供の被曝限度量を１mSv（ミリ・シーベルト）か20mSvかで論争があったこともあり、官邸以下関係者は後々の批判を恐れ、理由もなく厳しい数値のほうに流されてしまった。これで商売が成り立たなかった人たちには、東京電力あるいは政府が全面的に補償しなければなるまい。

当然のことであるが、半年後の12月22日の薬事・食品衛生審議会で示された基準では、コーデ

食品の暫定規制値

（単位：Bq/kg）

放射性物質	半減期	品目	暫定規制値
放射性セシウム	（セシウム134） 2.1年 （セシウム137） 30年	飲料水 牛乳・乳製品	200
		野菜類 穀類 肉・卵・魚・その他	500
放射性ヨウ素	（ヨウ素131） 8.0日	飲料水 牛乳・乳製品	300
		野菜類	2000

（参考）

ウラン	（ウラン238） 45億年	乳幼児用食品 飲料水 牛乳・乳製品	20
		野菜類 穀類 肉・卵・魚・その他	500
プルトニウム及び 超ウラン元素の アルファ核種	（プルトニウム239） 2万4110年	乳幼児用食品 飲料水 牛乳・乳製品	1
		野菜類 穀類 肉・卵・魚・その他	10

※原子力施設等防災指針の摂取制限に関する指標値を使う
※1987年、ヨーロッパからの輸入食品のセシウムの規制値は370Bq/kg

ックス委員会も、摂取する状態で測定する方式であることもあり、お茶を飲む状態で測定した値に変更されることになった。つまり、茶葉に湯を注いで茶を浸出した状態で飲料水と同じ10Bq／kgが適用される。6月2日の決定は明らかなミスだった。

海外からは完全に拒否された日本の食品

次に問題が生じたのが、海外への農産物の輸出である。アメリカとカナダは日本の厳しいルールをそのままに信用し、日本が解除すれば1週間後に解除するといった具合であった。ところが一番厳しかったのが、中国とEUである。検査対象県の農産物はすべて放射能検査をし、検査証明書がなければ受け入れられない。その他の県の農産物も、検査対象になった13都県の農産物でないことを、公的な機関、つまり国か県かが証明しないと輸入しない。国内の流通用の検査でさえ機器が不足していたので、とてもでないが、僅かな量に限られる輸出に検査機器を回す余裕はなかった。したがって、関係県の食品の輸出がほぼ全面的にストップしてしまった。これについては余りにも現実離れしているので、外交ルートを通じ東京でも現地でも何回も説明し、パンフレットも配っていたが、頑として言うことを聞いてもらえなかった。

私は、この問題が生じている2011年6月に、フランスのサミットに菅総理と一緒の政府専用機で行くことになった。サミットと同時に開かれるWTO（世界貿易機関）関係閣僚会議に、鹿野農相の代理で出席するためである。その折、厳しい態度をとっているフランスとEUに直接乗り込み、少なくとも一つも500Bq/kg以上が検出されていない地域の輸入制限をやめるように要請した。英文のデータを示し、一つも検出なしだと説明するとすぐ理解した。日本人は情緒的になり、先入観に捉われることが多いが、欧米は論理的な話が通じる。このような説明は大使館を通じ何度もしているはずだが、説明の仕方がまずいのか、風通しが悪いのか、なかなか上層部に伝わっていないようだった。

ところが、間の悪いことに、この問題を議論している最中にお茶の汚染が伝えられ、日本がもう大丈夫と言っているけれども、やっぱりそうではないのだというふうにとられてしまった。悪いことに、6月17日シャルルドゴール空港でもEUの基準値を超えた、1038Bq／kgのお茶が検出されて突っ返されてしまった。これも例の製茶で、もし日本で荒茶、製茶を5倍の2500Bq／kgにしていたら説明がついた話なのだ、日本からの農産物の輸出は、品目も量もたいしたことはないが、EUに対する輸出では、このお茶が相当上にランクされていた。そういう点では、この規制値超えが重く受け止められ、当面打つ手がないという感になってしまった。

突然の2300Bq／kg汚染牛肉

私は畜産行政には直接かかわったことがなかった。頭の片隅で、畜舎に置いてきぼりにされ、野山を走り回っている牛や豚、そしてペットのことが気になっていた。チェルノブイリでは、全国から家畜運搬車が集められ、農家は家畜を連れて避難していたが、日本ではそんな余裕はなかった。動物愛護団体からは、ペットの猫や犬を救いたいということで、顧問をしている滝川クリステル・キャスターが、私のところにも陳情に来たほか、あちこちから要請を受けた。哀れ、避難所ではペットが飼えなかったからである。

そうした中、最も驚きかつガックリさせられたのが牛肉の汚染である。国民に顔向けできない失態だった。食肉についてもサンプル調査をしていた。ところが、食肉については、流通経路がいろいろあり、例えば、東京に生体で持ってきて処理される場合もあるし、福島で処理される場合もあった。結果的にみると、国と県、家畜の出荷地と畜産処理地の共同無責任体制となっていた。そして、7月8日、東京の市場で2300Bq/kgと相当汚染された食肉が検出された。まさにパニックである。

届かなかった通達と二重行政による検査漏れ

餌の汚染の可能性については、農林水産省の事務方も、すぐに気付いたようである。BSEのみならず、口蹄疫、鳥インフルエンザで、この手の危機管理対応を経験してきている。野菜の出荷制限通達の2日前の3月19日に「乾牧草は、事故発生前に刈り取られたものしか与えないように」という通達を課長名で出している。後々、稲わらと書いていないということで、マスコミからは批判されることになるが、逆にほめるべき素早さだった。乾牧草と言えば、外に放置された稲わらも含むのは当然である。その証拠に、その通達を受けた福島県では、3月29日わざわざ「稲わら」と書いて通達を出している。更に4月14日には粗飼料は300Bq/kg以下のものしか与えないように念を入れて通達した。残念ながら、原発事故後の市町村役場の混乱もあり、この趣旨が畜産農家まできちんと伝えられなかった。

牛乳も野菜も直ちに検査し、規制値を超えたものがあれば全県で直ちに出荷停止になったのに、なぜ牛肉はここまで放置されたのか。厚労省はサンプル検査の指示をしたが、横浜市は一度もやっていなかったという。無理もない。検査機器もない中でそうした検査ができるのだろうか。国と地方自治体とで消極的権限争い、すなわち押し付け合いをしていたのだろう。

また、もう一つの原因は食品の安全についての二重行政の弊害が如実に現れたことにある。牛を農家から出荷するまでは農水省の所管であり、牛も一応外からチェックしている。しかし、体の中まで徹底して検査はできない。そして、畜産処理場は厚労省の所管であり、農水省の手が届かない。ここに空白が生じ、大きな検査漏れが生じたのである。これが一貫して農水省の「食品安全庁」が取り仕切っていたら、お茶よりもずっと早く汚染の実態を見つけ出していただろう。2011年11月29日毎日新聞「記者の目」(井上英介)がしっかりこの点を指摘していた。

餌が届かない悲劇

稲わらは霜降り牛肉には不可欠で、出荷する直前に然るべき時期に然るべき量の稲わらを与えると、きれいな霜降り牛肉になる。いつどのくらい与えるかは肥育農家の技術だ。後述するが、この給餌方法が汚染拡大に拍車をかけた。

最初の汚染された牛肉は福島県の南相馬市で一冬外に置かれた稲わらを、出荷前に2か月にわたって給餌しつづけたものである。その稲わらからは7万5000Bq/kgという極めて高い放射性物質を検出した。これでは肉も汚染されるのは当たり前である。南相馬市の場合、トラック業者も嫌がって運送してくれず、飼料がなくなってしまい、与えるものがないために、その辺に残っていた稲わらにすがるよりなかったのである。この畜産農家も一時批判されかかったが、全くの見当違いで、まさに原発事故の犠牲者である。

いわゆる事業仕分けで、飼料備蓄の予算が減らされてしまった。そして、今回の餌不足。人間の食料はなんとかなったが、交通が遮断し、東北各地は飼料不足となり、北海道から青森経由、南九州から日本海を北上し酒田経由等で運ぶ羽目になった。誠に愚かな事業仕分けであり、今回、東日本大震災後、当然のごとく予算は復活した。

それから1週間後、原発から80㎞以上山を隔てて離れている福島県白河市の有機農業研究会から提供された稲わらを、浅川町で給餌された牛も相当高濃度に汚染されていることがわかった。この2回の汚染稲わらを給餌された牛肉で消費者の信用を失ってしまった。7月19日、政府は福島の肉牛の出荷を停止、その後、岩手、栃木も停止した。26日には、農水省が汚染肉の買い上げなどの緊急対策を決定するなど、矢継ぎ早の対策を講じざるを得なくなった。

稲わら汚染と牛肉汚染が混同される失敗

畜産部が一斉に稲わらの調査をしたところ、次々に汚染稲わらがあることが判明し、それを食べて出荷された牛の頭数が毎日増えていった。ここで残念ながら大きな誤解が生じることになる。

汚染された稲わらを食べた牛が、すべて汚染されるというわけではない。ところが、最初の南相馬市は全頭が500Bq／kgを超え、浅川町も42頭中12頭が超えてしまった。これで、稲わら汚

放射性セシウム汚染稲わらの利用肉用牛肥育農家

2012年1月5日現在
（単位：戸、頭）

NO	区分	稲わら給与牛出荷農家※	出荷頭数	牛肉検査結果	
				総数	基準超過
1	北海道	1	14	6	0
2	青森県	0	0	0	0
3	岩手県	32（岩手・宮城）	507	184	15
4	宮城県	128	1,930	536	42
5	秋田県	8	33	19	1
6	山形県	7	98	44	2
7	福島県	22（福島・宮城）	843	318	27
8	茨城県	4（茨城・宮城）	78	43	0
9	栃木県	3(栃木）	187	54	3
10	群馬県	2	419	40	0
11	埼玉県	1	0	0	0
12	新潟県	15	131	83	0
13	岐阜県	8	170	102	0
14	静岡県	1	138	65	0
15	三重県	1	68	27	0
16	島根県	6	180	72	0
総計		239	4,796	1,593	90

※（　　）以外はすべて宮城産稲わら

染は即牛肉汚染というイメージが定着してしまった。新聞は一斉に、汚染された稲わらを食べた牛が何百頭単位で増えていくことを連日報道した。最終的には（2012年1月5日現在）4796頭出荷されていた。ところがそのうち、検査できたのは1593頭で、汚染されていたのはたった90頭にすぎない。それを4796頭すべてが汚染されているととられてしまったのである。こうした行政では、いかに公表の仕方が大切か思い知らされた。

こうして東北地方の牛肉は一斉に買われなくなり、風評被害は汚染稲わらが流通していない県の牛肉にまで及んだ。

なぜ、こういった齟齬をきたすかというと、例の二重行政で、牛肉の汚染の発表は厚労省の仕事である。農水省は、公明正大に、また汚染された稲わらを給餌してしまい、そして出荷された牛が何頭出ました、とそればかりを公表する。放射線量や汚染水の流出の公表がいつも遅れるのと比べ両者とも立派なことではあるが、バラバラ公表される。両省とも他省のことは公表ペーパーに入れず、記事もそれぞれの記者クラブで書かれるため、数が日に日に増えていく農水省が公表した頭数が新聞紙上に踊り、風評被害に拍車をかけてしまった。

この間に私は、生活クラブ生協の要請により、千葉県で講演を行い、そのときは前ページの表のような数字を持っていって、この間違いを消費者に正した。生活クラブ生協は、最も食品の安全問題に厳しい生協であり、まして講演を聴きにくる人たちともなると、もっと有識者であるはずである。ところが、200人を超える聴衆でこの事実、つまり汚染された牛肉はほんの僅かであるということを知っていた人は、一人しかいなかった。

ＢＳＥを契機として、個体識別番号が導入され、消費者にまでわかる仕組みになっていたことが今回は役立つことになった。ホームページに汚染された稲わらを食べた牛の番号を書き入れ、こういう番号の牛が店頭や外食に出ていた場合は検査してくださいと訴えた。それでもなかなか検査対象数は増えなかった。

忘れられる農家の農作業被曝

このように牛の餌である稲わらの汚染ばかりが喧伝《けんでん》されているが、高濃度（福島県本宮《もとみや》市では69万Bq／kg）に汚染された稲わらを、長期間にわたって牛に与え続けた農家の体外被曝（経皮的）や吸引による体内被曝（経気道的）には、ほとんど目が向けられていない。牛舎の２階に山と積まれた稲わらを毎日下に降ろし、それを牛に与える作業をしている農民が一番危険に晒されている。そして、子供も傍らにいたら大変である。

高濃度に稲わらが汚染されているような地域で暮らすことが安全なのか、そうしたところでできた作物を子供まで食べていいのかどうかということが、さっぱり問題にされていないのが不思議である。感受性の強い子供は、あらゆる種類の被曝の危険に晒されている。それにもかかわらず、子供の被曝の回避には何の手も打たれない。不公平もいいところである。

ウクライナの立ち入り禁止区域の外の２番目に危険な移住義務区域は、農作業による土埃が問題視され、農作業が禁止されている地域である。つまり農作業に伴う吸引被曝や住民への悪影響を問題視している。

8月3日衆議院厚生労働委員会で、阿部知子議員からの質問に際し、私は、「我が日本国では、野菜や稲わらや牛のほうがちゃんと検査をされ、人の検査がされていないのが実態ではないかと思う。この点は深く反省して、こちらのほうに早く目を向けていかなければいけない。厚労省とも相談し、畜産農家の健康診断をいち早くしていただくように手配をしたい」と答弁している。

宮城県産稲わらだけが全国流通する理由

考えてみれば当たり前のことだが、43ページの表のとおり宮城県を除けばどの県も自分のところの稲わらしか使っていなかった。宮城県の仙台平野の稲わらは、遠く兵庫県の但馬牛、三重県の松阪牛、岐阜県の飛騨牛のところまで行っていた。逆を言えば、このような銘柄牛以外は、高い輸送コストが大半を占める稲わらを使っても採算が合わないということである。フードマイレージからいっても、稲わらなどどこにでもあるのだし、その地域の稲わらを使えば十分である。それをなぜ仙台平野の稲わらが重宝がられているのか。

もともと稲は東南アジアが原産であり、寒い地方には向いていない。しかし、子孫を残すために、稲は秋になると一気に登熟していく。つまり、南の暖かい地方では、穂が頭を垂れると同時に茎の稲わらも枯れていくが、北の寒い地方では、より稲わらが青々としているときに登熟期を迎え、餌として一番栄養が高いということになる。また、冬に湿度の高い日本海側だと乾燥せず腐ってしまうが、乾燥している太平洋岸だと長持ちする。こういった理由から、宮城県の稲わらだけが全国流通していたのである。

もっと言えば、10年ぐらい前までは本当に無駄なことだが、中国から輸入した稲わらが使われていた。しかし、1990年に92年ぶりに宮崎県で口蹄疫が発生し、その原因は未だ特定できないものの、口蹄疫が蔓延している中国からの輸入稲わらではないかということで、煮沸して輸入してきていた。その後、やはり日本のものを使ったほうがいいと方針を変更したことにより、宮城県の稲わら流通が始まったのである。

放射能汚染と共存する覚悟

放射能汚染とともに生きるルール作りが必要

食肉問題は一応決着したが、汚染稲わらの処分はまだ明確には決まっていない。かさばるもの（推定7000t）が山と積まれ、農家は途方にくれている。汚染瓦礫や汚染土と同じく行き場所がないのだ。これが原発事故の残した大罪である。

幸い、宮城県の稲わらで汚染された牛の頭数はそれほど増えず、この食肉騒動も収まっていったが、やはり検査体制の問題であり、そもそももっと早く、福島県等の牛肉が汚染されていることに気がつかなければならなかった。人間の食べ物は500Bq/kgなのに対し、牛は稲わらを一日1・5~2kgほど食べるので、稲わらのベクレル値は、300Bq/kgと厳しい数値となっている。諸外国と比べてもかなり厳しい規制値を続けていたが、現場にきちんと届かなかったのが、失敗の原因だった。

その後、計画的避難区域等では全頭検査、その他の区域では全戸検査(各農家1頭)して出荷を認めること、汚染稲わらを食べた牛の買い上げ等細かな対応がなされた。万全を期したはずの出荷制限措置も、お茶で混乱し、牛肉ではすっかり消費者の信頼を裏切ってしまった。私自身は、食の安全についてはかなり昔から真剣に取り組んできたという自負があったが、汚染牛肉をとめられなかった。万全というのはなかなか難しい。今後の教訓としなければならないと肝に銘じている。

食べて応援すべき福島県産農産物

残念ながら、我々は今後、放射能汚染をある程度受け入れて生きていかねばならない。農水省が「食べて応援」というスローガンのもと、福島県の農産物の消費を拡大することで被災地の農家を支援していこうとしているのが一例である。東日本の農産物は危ういから、この際安全な輸入農産物にしようなどとうそぶく人もいるが、日本人として許されることではない。

3章で述べるが、子供は放射能に対して感受性が強く（被曝に弱く）、汚染されたものを食べさせるべきではない。従って、福島県の浜通り、中通りでは、学校給食の地産地消は当分の間諦めなければなるまい。その代わり、40歳以上、特に60歳以上はあまり気にせず食べていくしかない。より具体的には、「20歳未満厳禁」なりの表示で区別していくべきであろう。

福島第一、第二も柏崎刈羽《かりわ》原発も東京・関東に送られる電力である。人口密度の高いところには原発を造らないという法律で定められたルールのもと、東京の人たちは過疎地の犠牲の上に、電気による便利な生活を享受している。この際、少し罪の意識を持ってもらい、感謝の気持ちを抱いて率先して福島産を食べてもらってもよい。ルール化するかどうか別として、共同購入や産直も定着しており、少なくとも東電関係者はこうした動きの先頭に立つべきであろう。

放射能汚染は農民・漁民にも消費者にも害毒

誰にもわかることだが、農家には何の落ち度もない。従って損失なり被害はすべて東電や国が賠償しなければならない。２０１２年3月現在、ＪＡ福島グループは、東電に５８０億円の損害賠償を請求している。県の農業産出額の2割強であるが、これですむはずがない。残念ながら、子供を持つ母親は、福島という原産県表示があれば手が伸びないだろう。牛肉も出荷は行われているが、原発事故前の半値の売り値にしかなっていない。

前述のとおり、作付禁止になれば必ず補償されるが、勤勉な農民は、売れなく食べてもらえない危険があっても作りたいという選択をしている。こうした健気な気持ちに応えるべきである。原発事故で誰しも大変な目に遭っている。特に祖先も住み、自らも生まれ育ち、子供も住むはずの地を強制的に立ち退かなければならなかった避難民がまず最もひどい被害者であろう。次が、農民、漁民である。自然と向き合う仕事なのに、農地や海を汚染されてはやっていけない。相馬市の酪農家が、牛乳の出荷ができなくなり、厩舎の壁に白いチョークで「原発さえなければ」と書き残して自殺した。また、須賀川《すかがわ》市では、有機農業を営む野菜農家がやはり自殺している。安全を売り物にしていたものを、その基盤をそっくり根こそぎされてしまったからである。悲しいことであり、言葉がない。

農村に生まれ育ち、農林水産省に30年、そして国会議員として10年弱。私の生涯の仕事として、必死で額に汗して働く農民・漁民を絶対に悲しませてはならないと肝に銘じている。

放射能汚染は農業、漁業にとっても、消費者にとっても害毒そのものなのだ。

家畜に対するチェルノブイリと福島の対応の違い

福島では、避難に当たり、農家が必死で別の場所に移送したのを除き、家畜はほとんど置いてきぼりにされた。一部の豚（26頭）が東大等の研究用に回されただけだ。そして、5月に原子力対策本部に下した安楽死命令により仮処分されたが、それから逃れた牛は草で生き残り、豚は多くは死亡しているという。

「すぐ帰れるから」とチェルノブイリでも言われたが、日本でも同じで、畜産農家も帰れなくなるとは予測できなかった。その後も禁を破ってまで水と餌をやりに通い続けた人もいた。涙が出てくる話である。それに対し、チェルノブイリでは、何と家畜も人間と同時に避難している。周辺では、5月2日から退避が始まったが、少々遅れたのは、住民だけの避難命令に対し、農家が家畜も同行しなければならないと拒否したことが原因だといわれている。全国から家畜運搬車が集められ、大移動が行われた。その数はウクライナで8・6万頭、ベラルーシで3・6万頭にも達した。直後は牛もセシウム汚染されていたが、清浄な餌を食べることにより、体内の放射能は下がり、そのまま飼育している。しかし、汚染が著しく殺処分され埋められた頭数も相当数にのぼる。

この対応の違いは飼育の仕方の差、すなわちウクライナでは放牧で、どこかの牧場に引き取ってもらい、そこに放せば足りるのに対し、日本はほとんど屋内の肥育で、とても収容できないという事情にもよる。副大臣室に動物愛護団体の方々から、ペットや家畜の扱いの是正を求める陳情が何回も来ても、ある程度仕方がないことかもしれない。

欧米では、畜産の重みが高く、肉の放射能関係の扱いは、日本よりずっと精緻である。日本では、飼料は一様に300Bq／kg以下と決められたが、ウクライナでは干し草でも、生乳用乳牛1

セシウム規制値の国際比較

(Bq/kg)

	日本			ウクライナ	ベラルーシ	コーデックス委員会	EU	アメリカ
	暫定値	新規制値案						
一般食品	(2011年3月から) 500	(2012年4月から) 100	野菜	40	100	1000	1250	1200
			パン・パン製品	20	40			
			肉	200	180			
			魚	150	180			
飲料水	200	10	飲料水	2	10	1000	1000	1200
牛乳・乳製品	200	50	牛乳・乳製品	100	100	1000	1000	1200
幼児食品	—	50	幼児食品	40	37	1000	400	1200

３００、バター用乳牛１８５０、肉用牛は出荷２か月前から１３００と３分類されている。肉用牛は、セシウムが２か月で排出されるため、２か月前は規制がない。それに対して乳がすぐできる乳牛は、常に規制される。ただ加工乳はセシウムが油と合い入れないため、若干数値が高くてもよくなっている。このように放射能汚染を受け入れ、きめ細かく対応している。

また、汚染度合いがそれほど高くない牛乳については、汚染されていない牛乳と混ぜ、kg当たりの汚染値を下げて使われるという現実的対応も行われている。この対応について目をそむける消費者がいることはよくわかるが、罪のない農家のことを考えると、このくらいは仕方のないことである。日本もソ連も同じで、農地として有効活用できるところに原発など建てない。ウクライナはロシアの穀倉だが、そこからはずれた北の湿地に建てられたのがチェルノブイリ原発である。穀物には向かず草を利用した畜産しかできない地区なのだ。

日本では、混合飼料により緻密な給餌計画に基づいて出荷時期も決められていて、それに対しウクライナは放牧である。日本と違い、可搬式計測器で畜産処理前に汚染度合いがチェックされ、規制値を上回ると、生物学的半減期の２か月清潔な草を与えて、規制値を下回ってから出荷するという方法もとられている。放射能汚染を認め、共存するための知恵なのだろう。

新しい基準値

厚生労働省が２０１１年12月27日、食品に含まれる放射性物質の新たな基準値について、文部科学省の放射線審議会に諮問した。現行の規制値の許容年間線量５ｍSvを１ｍSvに引き下げ、各食品にあてはめたものであり、一般食品は１００Bq／kgと従来の５分の１になり、飲料水10Bq／kg、放射線の影響を受けやすい乳児用食品と牛乳は、一般の半分の50Bq／kgとなっている。ウクライナ、ベラルーシと大体似た数値となった。

この数値は、遠くに飛散するセシウムの数値である。骨にたまりやすいストロンチウム、肺にたまりやすいプルトニウム等の放射性物質はあるが、今のところ原発事故の周辺に限られ、それほど量が多くないので、心配はないとされている。しかし、いざというときに備え、数値は定め

餓死した哀れな乳牛（福島県南相馬市）

ておく必要がある。

福島県や近隣の農漁民には厳しい数値であるが、大きな反論はない。従順な人たちである。ところが、日本医学物理学会が遠藤真広会長名で反対意見の投稿を呼びかけ波紋を呼んでいる。これで放射線アレルギーが広まり、患者が放射線治療を受けなくなるのを心配してのことだという。私からすると誠にずれた話で、医療の放射線と内部被曝と一緒になど考える人は少なく、取り越し苦労である。ただ低線量被曝による「スロー・デス（緩やかな死）」にはやはり慎重な対応が必要である。

ウクライナでは、チェルノブイリ事故後10年たって食品の汚染により内部被曝量が再び上がり始めている。日本では、一応初期の著しい線量からの防護には成功したが、今後も注意が必要である。日本では、土壌の汚染を取り除く除染に関心が集まり、労力が投入されているが、ウクライナでは、学校や店のあちこちに線量計があり、また食品にベクレル値も表示され、食品の段階でチェックすることに力を入れている。これも現実的対応かもしれず、日本も見習わなければなるまい。

お茶と牛肉の汚染は、後からわかって国民に多大な迷惑をかけてしまった。その後は、マツタケ等の自生のキノコ類、そして鳥獣害で問題になっている猪や鹿の肉に気をつけなくてはならない。ひょっとして、あちこち飛来する野生の鳥も、汚染地区で一時的に餌をついばんでいるとなると汚染されている。それから、やはり海の底の蓄積がある。つまり、山中、水中など除染もなかなか手がつけられない環境で生息し、市場に出回らず、例えばハンターが自分で料理して食べるようなケースは注意が必要である。これから数年、あるいは食物連鎖と半減期の長さを考えると数十年は、汚染された食料については慎重に対応していく必要がある。

問題ある東電の賠償

東電には、賠償金として国から約1兆7000億円の支援が行われている。2012年3月2日現在約4分の1の4282億円しか支払われていない。避難区域の住民の場合や明白に出荷制限された場合は、賠償のルールも基準も明確であるが、自主的避難や風評被害となるとややこしくなる。私の担当だった食肉でいうと、指針では汚染稲わらが流通した県が風評被害の賠償対象県となっているが、問題は宮城県の汚染稲わらが流通していなくても、牛肉そのものが敬遠され、価格が大幅に下落している例が多いことにある。前述のとおり、但馬牛、松阪牛、飛騨牛のような銘柄牛の産地は対象になっているが、例えば、松阪牛などの汚染はほとんどなく、価格もほとんど下がっていない。それに対し、長野県は汚染稲わらが流通していないのに価格が大幅に下がっている。長野の牛は主として関西市場に出荷されており、一番東の産地ということから買い手がつかず、かなりの害をこうむっている。この結果、汚染稲わらは流通したものの、ほとんど被害のない三重県は申請したら認められ、長野県は認められないことになってしまう。かくして不平等が発生する。

こんな例は数えきれない。牛肉については、1年限りで今後は収まっていくだろうが、福島県のコメなどは、規制値を下回ってもあまり歓迎されず、ずっと被害を受け続けることになる。これをどのくらいまで賠償し続けるのか。

あれこれ考えると、原発の被害は底なしであり、やはり原発はいずれ廃止していく以外に残された途がないことがわかってくる。

2章

原発の墓場
チェルノブイリで
考える福島の将来

援助してきたチェルノブイリから学ぶ

2005年11月の外務委員会の海外派遣

私は、かねてから原発に興味があったので、いろいろその関係の本を読み漁っていた。2005年秋、私は所属していた外務委員会において、旧ソ連圏のCIS（独立国家共同体）諸国がどのように変わっているか視察する機会を得た。私は、初めて行くキルギスにも興味があったが、ウクライナで是非訪れたいところがあった。しかし、私の気になる場所は日程に入っていなかった。末席の私が日程や訪問先について要望を言うのは遠慮していた。トルコのイスタンブール経由でキエフ入りし、翌日は朝9時出発ということになっていた。そこで初めて私は、出発前にチェルノブイリに立ち寄ることができないか聞いてみたが、チェルノブイリの30㎞圏内は立ち入り禁止になっており、キエフ側のゲートまでしか行くことができないと説明を受けた。

キエフからチェルノブイリまで片道でも1時間半はゆうにかかり、舗装もされていないデコボコの道で危ないという。それでも構わないから行きたいと懇願し、付き合ってくれたのが、原田義昭外務委員長である。私はどうしても原発事故の跡がどうなっているのか、たとえ鉄条網の外からしか見られなくても、残骸をその目で確かめ、雰囲気を感じとっておきたかった。

ゲート前で写真を撮っただけのトンボ返り

私のわがままを聞いてくれた委員長に感謝しつつ、原発についての話をしながら往復3時間の行程を意見交換で費やし、やっと三つある検問所の一つ、ジチャートキに無事到着した。入り口

2005年11月。ゲート入り口、左は原田外務委員長（右が著者）

2011年4月。同じゲートの入り口（右が著者）

のオフィスが建設中で、本当にゲート以外何もなかった。朝7時30分近くになったが、門番の兵隊数人以外一般人は誰一人もいなかった。まして、6年後にこの目で確かめる、原発の棺ともいうべき「石棺《せっかん》」も見えるはずがなかった。何の変哲もない大平原の一角に、人類の過ちを象徴する廃墟があるとは想像できなかった。厳重なゲートと壁や鉄条網がなかったら、静かな普通の林と平原そのものなのだ。

これが大失敗のチェルノブイリか、二度とこのようなことが起きなければいいなと思いつつ、入り口の前で数枚の写真を撮った。二度と訪れることがないと思ったからである。私のカメラがボロなので、外にいる護衛に原田委員長のカメラで撮ってもらった。

晴ればかりが多いウクライナでは珍しいという濃い霧に覆われていたが、ゲートに立ったときは瞬間的に晴れてくれた。原発の行く末を案ずる二人の遠来の客に天が敬意を表してくれたのかもしれない。そして私の記憶を「霧の中のチェルノブイリ」と題して次の一文をメルマガ・ブログに書いた。そこには、ひょっとして日本でも同じようなことが起こるのではないかという心配も書き加えていた。

霧の中のチェルノブイリ

〈霧の中のチェルノブイリ　2005・11・8　しのはら孝ブログより〉

核兵器廃絶

ウクライナは、ソ連から独立した時、３番目に多くの核兵器を持つ国となりました。しかし、原発事故で核の怖さを知ったのもあったのでしょう、世界で初めて全面放棄し、核拡散防止条約にも加盟しました。核軍縮についても、日本と共通の目的を持つ国です。

何の変哲もない村を襲った突然の悲劇。事故はすぐに知らされませんでした。翌日理由も告げられず、バスに乗せられ強制的に退避させられ、二度と戻れなくなりました。故郷を追われた村人の哀れな境遇に涙が出てきます。日本にも、そして世界にも起こる可能性はいくらでもあるのです。

核廃絶の次は原発廃絶

要人との会談は、専ら代表団長、すなわち原田外務委員長が発言します。時間が余ると末席の私にも順番が回ってくるので、用意していますが、空振りのケースもままあります。職業外交官上がりのタラシューク外相は、核廃絶を自慢しました。ロケット技術も誇り、20～30年後は、ＥＵ（加盟と当然視）諸国で最も繁栄した国となっているとぶち上げました。そこで、私は畳みかけて理想論をぶちました。

「核廃絶を世界に先駆けてやったのなら、原発の恐ろしさを知った今、自慢の科学技術をバイオマスエネルギーに向け、広大な国土も活用して原発をやめ、世界一の循環型国家を目標にして欲しい。ウクライナならできないわけはない。」

研究者のチェルノブイリ派遣

それから、6年後、私は農林水産副大臣となり、そこに東日本大震災による大津波、そして福島第一原発の事故である。このときの放射能に汚染された野菜等の出荷制限の関係は1章に示したが、私がすぐさま気になったのはチェルノブイリであった。

そこで、ひとまず農林水産技術会議事務局に土壌や放射能の研究者や行政官で除染（放射能の汚染を除くこと）に関係する担当者を出張させることとした。折も折り、長年の付き合いのあるNPO法人菜の花プロジェクトネットワーク代表の藤井絢子（菜の花学会・楽会の会長）が、ウクライナのナロジチ地区のNPO法人チェルノブイリ救援・中部が数年前から手がけている、「菜の花プロジェクト」の視察に行くので、一部分同行するようにも命じていた。

第一次補正予算の審議のため、全閣僚のゴールデンウィークの出張が禁止されていたため、私自身の出張はまたの機会にとあきらめていたが、高橋千秋外務副大臣が事故後25周年祈念式典に政府代表として出張することを聞き及び、私も行かせてもらうことになった。安住淳国対委員長からは、「あまり目立たないように。閣僚たちに5月の出張を一切禁止しているのだからな」という一言があった。

しかし、現地では取材攻めにあい、それがテレビで何回も放映され、この約束は反故になった。帰国報告に行ったところ、「あんたに目立たないように静かにといっても、そりゃ無理だわな」という反応。国会議員同士の持ちつ持たれつやさやあてはなかなか熾烈なものがある。

飛び入り学会報告の効果

国際科学会議の土壌汚染関係会合で飛び入りして、下手な英語で発言させてもらった。「ウクライナは岩大陸の上にあるが、日本は環太平洋の火山の一角だ。太平洋の片隅にあり、毎日ゆらゆら揺れている。黒海に浮かぶ大型船のようなもので、原発には向いていない国だ」と原発の状況を説明し、「今まで、ヒロシマ、ナガサキの経験もあり、日本から援助させてもらってきたが、何の因果か、今度は日本にチェルノブイリの経験を学ばせてほしい」とお願いした。どの程度通じたかはよくわからないが、副大臣という高官の会合出席はそこそこ評価され、日本の真剣さは伝わったようだ。私の発言後すぐ立ったカシュパロフ国立生命・環境科学大学のウクライナ農業放射線学研究所長は、「すべての情報を日本に提供する。これが我々の責務だ」と応じてくれた。また、近くにいたイギリス人研究者は、「日本がチェルノブイリの支援では世界一熱心だった。これも何かの偶然だろう」と話しかけてきた。私の帰国後も6名は現地に残り、情報収集した。そして、このときの交流を今も続け、我が国の政策決定に役立てている。

菜の花プロジェクトの現地視察

歳を重ねると、時差調整がしにくくなり疲れる。そして私は2011年3月11日以来ずっと緊張状態が続き、正直体はクタクタだった。疲れた体をなだめながら、農水省の6人の先発隊と合流して2日目のナタネ栽培とバイオ燃料プラント視察に出かけた。

「チェルノブイリ救援・中部」が2004年から「菜の花プロジェクト」に取り組んでいる。チェルノブイリから70㎞西のナロジチ地区地方行政庁前で、藤井代表の一行を待ち、行政長（日本の町長に相当）と会談。その後、現場に詳しいティードフ国立ジトーミル農業生態大学地域エコ

チェルノブイリ25周年祈念国際科学会議でスピーチ

放射能汚染地域のナタネ栽培を視察

ロジー問題研究所長の案内で、早速ナタネ圃場に向かった。

日本同様、汚染度合いによりゾーンを分けてあり、ナタネは居住・作付けが禁止されている廃村の圃場で作られていた。乗り換えたパリのシャルルドゴール空港周辺は、ちょうど菜の花が満開で、黄色がまぶしく映えていたが、同じ緯度でも内陸のウクライナはまだ開花には程遠かった。ライ麦、小麦、ソバと輪作され、放射能の減り具合も研究されていた。

途中、廃屋がいっぱい見られ、生まれ故郷を捨てなければならなかった農民の気持ちを思うと気が重くなった。ナロジチでは事故直後は家畜の異常出産が続いたという。そうしたこともあり、若者は去り、3万人いた人口が1万人強に減り、高齢者ばかりが多い村となった。日本と同じく、農村はもともと高齢化が著しい上に、原発事故が拍車をかけたのだろう。人影もまばらだった。ナタネ畑へ行く途中も悲惨だった。道路は整備されずデコボコだらけ。その上、道路脇もゴミがあちこちに捨てられて、目を覆いたくなった。通訳のオリガ・ホメンコも言葉を失い、一言「恥ずかしい」と述べただけであった。

事故後25年、セシウムの半減期は30年、ストロンチウムが29年、汚染度合いは相当改善されていいはずだが、一番ひどいときとくらべ、4割しか下がっていないという。つまりあと5年で5割、半減期どおりなのだ。10年後に仮に居住・作付制限が解除されても、いったい誰が耕すことになるのか。チェルノブイリ原発事故が起きた1986年は旧ソ連時代であり、そもそも農地が私有されていない。従って誰の土地でもなく、強制的退去を命じられても何の補償もされなかった。ただ、避難者に遠く離れた場所で、粗末な住宅があてがわれただけのようである。

ナタネ油には放射能がなくなる

ナタネが土壌からセシウムやストロンチウムを吸収しても、ナタネ油には何も残らないことがわかっている。だからナタネやヒマワリは汚染地域で作っても商品化できる。食べるのには抵抗感があっても、少なくともバイオディーゼル燃料にしても何も健康被害が生じないことになる。

今、新しい規制値が１００Bq／kgとなり、同じ基準で行くと土壌が１０００Bq／kg以上に汚染された地域は、作付けできないということになる。そうなると荒れ地が増え、農民の心も荒む。しかし、米でもナタネでもバイオ燃料用なら利用可能ということになる。この辺で一工夫必要である。

原発の従業員の街プリピャチ市で被災した人たちやその子供は、ずっと健康診断を受け、後遺症等にさいなまれている。ただ、どの病気が放射能に由来するものかわかっていない。これでは不安をいっぱい背負って生きることになる。日本でも、同じようにこの後遺症に悩む人が出てくるのではないかと考えるとぞっとする。私は、少なくとも食べ物による体内被曝を最小限に抑えるために、ウクライナまで情報収集にきているが、肝腎の体外被曝の問題や避難の方法が不透明のままであり、どうもチグハグで歯がゆいばかりである。

ナタネの油粕やガラ（茎）等のバイオマスをバイオガス製造プラントでメタン発酵させ、残渣《ざんさ》は濃縮、少量化して低レベル廃棄物として管理するという試みが、日本の基金によりナロジチで着々と進行中である。今まで日本が援助していたことを、今度はそのまま日本でやらなければならなくなったのだ。皮肉な巡り合わせである。

イギリス人研究者が指摘したとおり、チェルノブイリと福島は、今後世界で並んで語られることは間違いない。かくなる上は、日本は意を決してウクライナと手に手を取り合って、試行錯誤を繰り返していくしかあるまい。幸いにも、農水省は真っ先にウクライナとチャンネルをつくり、土壌汚染について情報交換を頻繁に行っている。その後、各省関係者や議員のチェルノブイリ視察は増え、今では情報交換のための日本・ウクライナの協力協定の締結まで話が進んでいる。うれしいことであるが、もっと前からやっておかなければならなかったことである。

国会議員初の石棺への接近

ウクライナ政府は、2010年の秋から一人当たり案内料6000円くらいをとって、30㎞圏内も視察させていた。ジャーナリスト、政府関係者が中心であるが、結構多く行き始めているようであった。多分私が、石棺のすぐ近くまで行った最初の日本の国会議員であろう。軍服を着たウクライナ非常事態省の高官によると、11年4月までに7500人、日本からは我々で3組目だった。また福島原発事故の後、急に各国からの視察が増えているという話だった。6年前は寒さの増す晩秋、今回は春の盛りのくっきりと晴れ渡った日だった。6年前は入ることのできなかった門をくぐり、中をゆっくり視察することになった。

30㎞圏というとかなり広い。長野市から中野市まで約30㎞であり、車で行っても30分40分はゆうにかかる。キエフからチェルノブイリまでの道路は6年前とは見違えるように舗装されていた。20日に行われた25周年祈念式典に、潘基文《バンギムン》国連事務総長やロシアの首脳も訪れたからだろう。私は、初日に国際会議に出席、2日目にはナロジチ地区の菜の花プロジェクト、そして最終日はチェルノブイリと3日間を慌しくすごした。それでも、3日間その地にいられるということは、副大臣になってからの海外出張では最もゆったりしたものだった。

日本は福島第一原発事故という、チェルノブイリと同じレベル7の大事故を起こしてしまっている。日本でも20㎞圏内が警戒区域となり、立ち入り禁止地域が設けられている。その扱いを巡り、日本も対応を考えていかなければならなくなっている。この目で30㎞圏内の実情を確かめておかないとならないと考えていた。

もったいなかった25周年祈念式典への菅総理の欠席

日本国政府はそもそもしみったれている。2011年1月にヤヌコビッチ・ウクライナ大統領が来日し、菅総理に対し、広島、長崎、チェルノブイリと原子力の惨禍を共有しており、25周年を機に是非ウクライナに来ていただきたいと直々に要請をしていたという。そして3・11の福島第一原発の事故である。

常識的にみて、チェルノブイリの25周年祈念式典に、潘基文国連事務総長の次に出席すべきは、旧ソ連の盟主としてのロシア首脳と並んで、広島、長崎、そして福島のある日本の総理である。菅総理自らが出席し、世界に向けて福島の現状を説明し、世界の救援に対し感謝の意を述べるとともに、チェルノブイリの対応を福島が学び、ともにこの困難を克服していきたいと訴える絶好の機会だった。それが外交というものだ。いつになったら戻れるのかと、不安にかられている避難されている方々への強いメッセージともなる。

それを無様な事故を起こして、いろいろ問いただされるだろうということで、日本政府の代表を送るか送らないか迷っていたそうだ。ウクライナが原発事故にどのように対応したかをきちんと学び、日本の対応に役立てなければならないというのに情けない話である。

小泉総理のすぐれた直観力

2005年7月20日、ユーシチェンコ・ウクライナ大統領が来日、郵政民営化が参議院で否決されそうな中、小泉総理との会談が行われた。そこで小泉総理はオレンジ革命を絶賛し、一国を預かるもの同士「お互いに天（神）が味方しているはずだ」と励ましあった。ユ大統領は、04年9月ダイオキシンを盛られ、重病に陥り、顔面は痘痕《あばた》だらけだった。小泉総理はびっくりし、「殺されそうになったそうだが……」という会話が交わされた。それから数日後「殺されても郵政民営化をやり抜く」という言葉が飛び出した。

小泉総理がいくらワンフレーズが得意でも、また、いくら信長が好きでも戦国時代ではあるまいし、日本の政治には「殺す」などという言葉はそう簡単に出てくるものではない。「女刺客」などではなく、小泉総理のこの言葉が国民の胸に直接響き、郵政選挙の大勝利につながった。首脳外交をも有効に国内政治に活かす小泉総理と、絶好の国際舞台での発言の機会を掴もうとしない菅総理とでは、政治力量の差があったとしか言いようがない。

原発の墓場近くの家のお墓

キューキュー音を立てる放射能測定器

チェルノブイリ30㎞圏内を3時間半かけて丁寧に見て回った。随所で放射能測定器で調べたが、どこでも不気味にキューキュー音を立てていた。

シラーエフ副首相が言い出した、石の棺「石棺」は、近づいてみると、まさにそのとおりであった。汚染源の原発を石で覆って人々を守るものだが、失敗して死を迎えた原発そのものだった。1986年7月から後4か月かけて、11月15日にできあがった大きな棺である。「石棺」の近くでは22・5ｍSvを示していた。目に見えない放射能の恐ろしさを実感する一日となった。

18歳未満は立ち入り禁止

チェルノブイリはウクライナ語でニガヨモギという意味で、この辺によくはえている草からとった地名である。私には馴染みがなくピンとこないが、「新約聖書」ヨハネ黙示録の一節に、ニガヨモギという名の星が天より落ち、多くの人が死ぬとあるそうで、事故当時、1900年前の預言が取り沙汰された。西暦1000年に歴史に登場する古い街で、人口20万人が3市91町村に住んでいた。30km以内の約13万5000人は避難していた。ベラルーシのゴメリ州、ロシアのブリャンスク州からも27万人が避難し、合計40万人が故郷を追われている。また、汚染地帯は13万km²と、日本の3分の1の広さに相当する国土に広がっている。

18歳未満は強制的に住ませない。したがって学校もなく、入院できる病院もない。18あった教会も、今は一つ残るのみ。鹿、猪、狼等の野生生物が増えている。馬を7～8頭放したが、今は10倍ぐらいに増えている。近くのプリピャチ川では川魚も取る人がいないので大きい鯉や鯰がたくさんいる。放射能さえなければ、動物たちにとってはのどかな楽園である。

私は、この目でしかとチェルノブイリの惨状を見届けようと、車の中でも目をこらしながら外を見ていた。ゲートをくぐっても原発のある場所まで、30kmの道のりである。誰も住んでいないというのに綺麗な舗装である。対向車もない。もちろん見学者も我々と同時に行くグループはなかった。日本で言えば、福島県双葉町・大熊町・浪江町等に行くのと同じで、危険を承知で入ることになるのだ。一見するとどこにもあるような寂れた農村である。たった一つ違うのは、誰も住んでいないことであった。

気が遠くなる半減期

見学の注意を聞いた部屋には、近辺の土壌の汚染度合いが大きな地図に印されていた。危険な区域は4分割され、一番きつい立ち入り禁止区域（Exclusion zone）は21万ha、作付けが制限される強制避難区域（Compulsory relocation zone）は18万ha、任意移転区域（Zone of guaranteed voluntary relocation）・モニタリング区域（Zone of enhanced radioecological monitoring）を含めると535万haが危険な区域とされている。日本の総耕地面積459万haを凌ぐ広さだが、大穀倉地帯のウクライナからみるとわずかな面積なのだ。日本は今、除染、除染の大合唱だが、チェルノブイリには最初からそんな気配は全くない。どうも対応の考え方が根本的に違う。

半減期30年のセシウム、29年のストロンチウム、そして432年のアメリシウム、2万4000年のプルトニウムまである。セシウムの放射能がなくなるのに、人間の生きる期間を超えて300年もかかる。チェルノブイリの歴史が1000年というのに、何ということだろうか。我々の子孫が、何万年も前に穢れなき大地をズタズタに汚した先人に対し、どう思うだろうかと心配になる。

月の半分働き半分は休むという作業形態

この30㎞圏内に、5000人から6000人が働いているという。放射能漏れを少しでも少なくするための作業が今もまだ続けられているのである。常駐して住んでいる人は当然いない。働いている人たちも60㎞離れた隣の町から電車で通い、かつ2週間働いて2週間休みか、1週間働いて1週間休むという仕事のスタイルだという。つまり、月の半分しか働けない。それ以上働くと、年間あるいは月間被曝量が多くなりすぎ、体に悪影響を及ぼす。かつては町には病院、食堂、スポーツ施設となんでも揃っており、当初は一般の平均賃金の5倍近くの割り増し賃金を受け取っていたという。

絶対的な立ち入り禁止は、すべて立ち入り禁止だと思っていたが、放射能漏れを出さないために今も毎日作業が続けられていた。よく使用済みの核燃料の再処理が問題だというけれども、原発は事故を起こした後、放射能漏れを防ぐためにだけでも常時5000人から6000人が働かなくてはならないという代物なのだ。今後数千年間放射能を出し続けるからだ。

日本の原発のコスト計算に、こういうことが入っているのだろうかとふと疑問が生じてくる。原発は、ひとたびこのような事故を起こすと、大変危険なものであるということは、この一事をもってしてもよくわかることである。

原発の墓場チェルノブイリ

建設途上の原発もそのまま残され、クレーンもそのままだった。それを石棺を目の前にしてみると、本当に原発の棺そのものであった。４号機が運転中に炉心溶融を起こして大爆発し、原子炉建屋も吹き飛んだ、その残骸が30万㎥のコンクリートと６０００ｔの金属で被われているのだ。内部では依然として核反応が続いている。ただコンクリートはほころびていた。25周年行事の外国招待も、各国にそのための資金援助をお願いするきっかけづくりという思惑もあったようである。２０００億円必要なところ、まだ６００億円しか目途が立っていないという。

石棺の前。22.5mSv（左・著者。2011年4月）

機械の音がカーン・カーンと晴れ渡った空に虚しく響いていた。25年経ち、鉄筋の腐食が進み、今にもくずれそうになった石棺を支えるべく横に壁も造られていた。それほど放射能の汚染とはすさまじいものなのだ。離れたところで作ったシェルターの一部を一気に石棺の上に持って行き、つなぎ合わせ巨大な鋼鉄のシェルターを完成させ、今後１００年は封印するという。今度は「鉄棺」である。フランスを中心とする連合チームが、20年計画でチェルノブイリ壁（C型）と呼ばれる外壁を造っている。２００ｔの核燃料から放射線が出続けており、近くで長く作業するわけにはいかないのだ。

しかしながら、それで終わりではなく、１００年間はチェルノブイリでずっと長期管理を強いられるのだ。今、ぐずぐずしているが、福島第一原発もチェルノブイリと同じように鉄棺で覆わ

建設途中で放置された原発施設

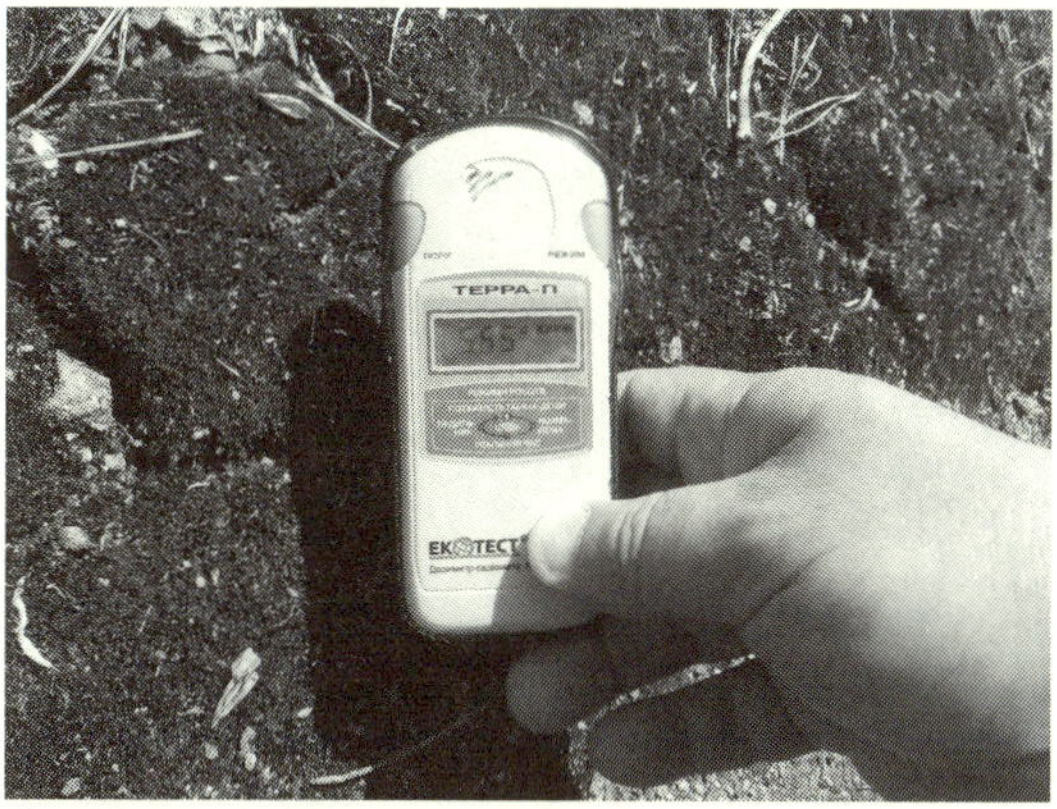

鳴り続けるガイガーカウンター

なければならなくなるかもしれない。

心配な福島第一原発の100年後

それでは、福島第一原発の完全廃炉なり処理はどうなるのであろうか。参考になるのはスリーマイル島原発（TMI）の事故処理策である。TMIでは、炉心は崩壊したが圧力容器は残っていた。それでも2号機炉内の溶け出してしまった45％の核燃料も含めてすべて取り出し、2500㎞離れたアイダホ州のエネルギー省の施設に鉄道輸送されたのは、15年後の1994年だった。東京電力は、1～3号機の格納容器を補修して水で満たした上で、上部から核燃料を取り出す作業計画を明らかにしている。

だが福島の場合、今もって格納容器の破損状況も核燃料の状況も不明であり、ひょっとして圧力容器の底が抜け、更に外部の格納容器の底にも穴が開いて落ちてしまっている可能性もある。作業現場に入ることすらできない状況である。従って、遠隔操作可能なロボットが必要になるが、どんな作業になるか予想すらできないでいる。

細野原発相は、区域の見直しにしても何にしても、いつも甘い見通しを述べる。冷温停止もそうだが、廃炉処理もTMI並みと言わんばかりの発言をしている。しかし、福島第一原発は3基あり、15年ずつかかったとしても同時にはできないだろうし、50年、60年はかかることになる。そうするうちに、とても取り出せる状況にないことがわかり、慌ててC型、つまりチェルノブイリと同じく鉄棺を作って覆うしかなくなってしまうかもしれない。つまり、100年経っても完全廃炉など実現すべくもないかもしれないのだ。

私は、その前で何枚も写真を撮った。あまり長くいるといけないといって、案内人に注意されたが、それでももうちょっと写真を撮りたいといって撮らせてもらった。チェルノブイリはウクライナの東北の端にあり、すぐ北がベラルーシ、東北がロシアであり、チェルノブイリ原発というとウクライナと出てくるが、本当に一番汚染されているのは、風と雨のせいでベラルーシのゴメリ州だった。そしてウクライナ南部より北欧の一部のほうが汚染がひどい、ということも後々わかってきた。

ウクライナでは、30㎞圏とされた立ち入り禁止区域は、ベラルーシでは45㎞圏と広げられた。その後さらにいわゆるホットスポットで280㎞も離れた場所も立ち入り禁止となった。また、10年後には、人口1万4000人のポレスコエ市の避難が決まった。原発事故による放射能汚染は、長く続くことを物語っている。それにもかかわらず、日本では1年そこそこで、退避区域の規制見直しが取り沙汰されている。私には甘すぎるとしか思えない。

基本的には放射線量というのは、距離の2乗で遠くになればなるほど少なくなっていき、距離が遠くなるとほとんど影響がなくなる。しかし、風の向きや雨の具合等で汚染区域も汚染度合いも、真っ平らなウクライナでも微妙に違うようである。だから、あちこちにホットスポットができている。

福島のことが頭から離れず

視察しながら、頭にはいつも福島第一原発はどうなのかという心配がよぎる。気のせいか胸苦しくなり、体もフラフラした。藤井代表は「お昼の時間なのに食べていないからよ」と励ましてくれたが、心は晴れない。写真を撮るときはあまりしかめつらにならないように心掛けたが、カメラは正直に私の気持ちを捉えているに違いない。

あちこちにモニュメント（記念碑）があり、4月26日、大爆発のあった日には、その一つで大統領も出席して祈念式典が開かれるという。この週末の4月24日は復活祭（イースター）であり、キエフは慌しい日となる。24日の早朝4時にホテルを出たところ、日本の大晦日と同じく、いわゆる二年参りで、教会に行き聖水をかけてもらう行事にも出くわした。どこでも同じような風習があるのだろう。

ゴルバチョフ時代の国威発揚が今や近代文明の誤りの見本

ウクライナは、ヨーロッパの穀倉といわれるが、肥沃なのは南のほうで、チェルノブイリは、農地としてあまりよくないところであった。旧ソ連はあまり農地としては役立たない、それほど肥沃でないところに、原発を建設したのである。これが、後々の日本とウクライナの対応の違いにも出てウクライナでは農地としての価値がそれほどなく、住人もいなくなってしまった地区では、除染までして穀物を作ったりする必要がない。

１９８４年にゴルバチョフ大統領が訪問し、世界一の原発だと大見栄をきっていたということが、私が昔読んだ本に書かれていた。その2年後に、世界一の原発の夢は無残に打ち砕かれたのである。建設途上の原発も、クレーンともどもそのままに放置されていた。まさに死の街、死の村である。

記念に残される黒焦げの木

原発のすぐ近くの真っ黒焦げの３本の木の説明を受けてぞっとした。あまりにも放射能が高く、立ったままの木が黒くなってしまったのだ。ほとんどの松の木は、葉が赤色に変わり、「ニンジン色の森」と呼ばれた。

また、事故直後には、突然変異の大キノコがたくさんみられ、「お伽の国の森」とも呼ばれた。10年後でも居住地域の近くのキノコは、１万７０００Bq／kgにも汚染されている。そしてそれがまた放射能を出し続ける。そこで大半の木は根こそぎ倒され、土中深く埋められたが、教訓として、３本だけ放射能の酷さを教えるためわざと残してあった。

家のお墓と村のお墓

次に涙が出てきたのは、オリガ通訳が説明してくれた家のお墓の話である。何の変哲もない場所で、木が生え草が生えている。

「そこに黄色い旗が見えるけれど、あれはなんだかわかりますか？」と聞かれた。私は何を言っているのかよく意味がわからなかった。なんとその下には、農家の一軒家のいろいろな資材等が粉々にされ埋まっているのだという。放射能の漏れがあまりにも激しく、家の壁、屋根等も汚染され、そこからさらに放射能がずっと出されているという危険な状態だった。後々他の人たちが近づくと危ないので、地中深く埋めたのだという。更に残酷なことに、避難民が戻ってこれないようにするため、他の家もブルドーザーで破壊されてしまい、瓦礫だけが残っている。ウクライナではプリピャチとチェルノブイリの2市と91の町村が消え、ベラルーシでは１７０の町村が消えた。

家主からすれば切ない話である。だが、黒く変色した木と同じく、放射能を出し続けられたらたまらない。自分たちが何十年、あるいは祖先を含めると何百年住んできた家、それがあとかたもなく消されても仕方あるまい。その家があった証拠として、黄色い旗が立っているのだそうだ。つまり「何々家の墓」ならぬ、「何々家の『家』のお墓」ということになる。そして、村全体が埋められたとなると、「何々村のお墓」もできたことになる。思いがけない原発事故により、ここを立ち去らなければいけなかった人たちの、無念な気持ちが手に取るようにわかる。人はすぐに死にはしなかったが、ここでは、一瞬にして数万の家が消えたのと同じことが起こっているのだ。本当に胸が張り裂けるような気持ちになった。

放射能を全身に浴びながら必死で消火に当たった消防隊のレリーフ、放射能の嵐の中で必死の作業をして亡くなった人たちの名が刻み込まれた高台の記念碑、我々一行は要所要所を粛々と案内してもらった。私は、どこでも静かに手を合わせてお祈りをせずにはおれなかった。

日本では、私に何かと目をかけてくれた田中宏尚元事務次官の葬儀の日であり、田中元次官の霊前へのお祈りの意味もあった。私は、他の皆さんが週末にゴルフに行ったり、一杯やったり、麻雀に明け暮れたりする中、たまに一杯付き合うだけで原稿を書き、週末には講演に出かけていた。農水官僚らしからぬ動きをすると、私のことを苦々しく思う上司たちの中で、かばってくれたのが田中元次官だった。

死の街プリピャチ

増え続けるサマショール、わがままな自主的故郷帰還者

原発事故から25年、避難民はちりぢりバラバラになり、いったいどこでどういう暮らしをしているのだろうか。当時は旧ソ連時代であり、土地の所有という概念はなく、国営農場や協同農場だったので、日本の場合と違い、政府の命令でここに住め、あそこに住めということで済んでいい

た。農地の補償とかの問題は生じず、それほど面倒くさくはなかったようである。

ウクライナ政府は、18歳未満は30㎞圏内は絶対立ち入り禁止としていた。区域の見直しは、5年後、30年経たなければしないことにしているという。もう先走って区域の見直しをしている日本と大きく異なる。対応が徹底しているようである。

そうした中、故郷を追われた人たちも、やはり故郷を忘れられないのだろう。かつては何人も帰ってきては見つけられ、退去させられていたという。しかし、10年ほど前から、老人たちの故郷への帰郷を黙認しているという。なぜならば、一人で戻るのではなく、元いた近隣の住民、日本流に言うならば、昔から一緒に育っている茶飲み友達が、相談してこぞって一緒に生まれ育った家、村に戻っていた。

そうした中に、老人だけではなく、そこそこ若い人たちもいて、知らない間に子供も生まれ、14歳に育っていたという。当然その子供が問題になり、今は退去させられ圏外に住んでいるが、なんとその14歳の中学生が、学業も一番、体育も得意という。原発の影響をずっと研究しフォローしている学者の間でも関心を呼んでおり、ウクライナ国民全体がこの女子中学生の行く末に注目しているそうだ。

故郷に帰りたがっている人たちは、サマショール（ロシア語でわがままな人）と呼ばれており、日本でもどこの国でもこれは当然あるのではないかと思われる。

幽霊の出てきそうな「死の街」プリピャチ

ポツンポツンと家の残っている農村は、日本の中山間地域にある廃村と同じで、死の街というイメージは受けない。もちろん近づいてみると、25年放置された家というのは、見ていられないものである。祖先の歴史その他、皆粉々にされているのである。それでも放射能が出続けるので危険だからと、土の中に埋められているよりはましなのだろう。

「死の街」の形容がピッタリと一致するのは、チェルノブイリそのものよりも、関係者が住んでいた、その隣3㎞のプリピャチのアパート群（1万戸）のある廃墟の街である。人口5万人、平均年齢26歳、子供が1万7000人。ソ連の原発技術者が一堂に集まって一緒に住んでいた。ソ連の科学技術の粋を結集した夢と希望の若い町だったのだ。

プリピャチからの大脱出

ここの話を聞くと悲惨である。事故の日、4月26日は土曜日だった。5月1日のメーデーに備え子供たちも含め、いろいろな催し物を準備し、メーデーのお祭りのマスゲーム等の練習をしていたという。それ以外は普通の市民生活が行われていた。何か大変なことが起こったとそれとなく伝わってきたが、原発の大惨事とは知らずに、皆メーデーに備えて心が躍っていた。ごく一部の関係者にはとんでもない大事故が起きたことが知らされ、実家にこっそり逃げるように命じた者もいたという。そのため、当局が用意したバスに乗ったのは全住民の半分ぐらいだったともいわれている。

ところが、それから間もなくすると、大変な事故が起きたことが皆に伝えられた。荷物もそんなに持たずに、身の回りのものだけ持って退去しろ、という命令が突然下り、何のことかわからず1100台のバスに乗せられ退去させられた。バスはすぐ用意されたが、パニックを恐れた上層部が夜中に郊外で待機させ、36時間後になってしまった。「3日間」だけということだったが、それ以後誰一人として帰らせてもらえなかった。命令したものは、未来永劫帰れないと知っていたが、市民の中では、2、3日ならと、寝たきり老人や障碍者を置いてきた人もいたため、90人近くの残存者を救出するという厄介な仕事もあった。

防塵マスクもなく警備に当たった警察官だけでも1万5000人に及んだ。中には夫が原発の仕事に従事している人もいて、いやだという人もいたが、とにかく強制的に即刻退去させられ、ほぼ2時間でプリピャチ市は無人の都市と化した。道路渋滞を防ぐため、自家用車での脱出は禁止された。ただ、実際には相当数が自家用車で一足先に脱出していたともいわれる。この36時間で、プリピャチ市民は、1時間当たり10mSvの放射線を浴びていた。この被曝量は、IAEA（国際原子力機関）がいう年間線量限度の10倍である。

福島でも、最初の避難は「2、3日の退避」とのことであった。混乱を避けるためとはいえ、両政府とも姑息な通告である。ソ連でも日本でも「一生帰れなくなるが、急がないと放射能にやられるので、とりあえず必要なものだけ持って立ち去れ」と言われていたら、嫌だと拒否する人も多くなる。1日待ってくれという人も出てくるだろう。日本では、この後必要なものを取りに帰ることを認めざるをえなくなっている。犠牲になったのはペットであり家畜である。2、3日ということで一緒には避難しなかったのだ。

使用されることのなかった遊園地

日本の都市でもみられる10階建てぐらいの高層アパート。それを覆い隠すように木が生い茂っている街は、オカルト映画に出てくる幽霊の住む街のようで不気味だった。25年間も無人の街なのだ。年間降水量が600㎜と日本の3分の1ぐらいなので、日本ほど草木もはびこらないが、つるが絡まり、その木が家の中まで侵入していた。集会場も映画館もあったが、25年の歳月は長く、人が住んでいたという面影はほとんどない、廃墟そのものであった。その中でも特に無残な姿を曝け出しているのが、5月1日開園予定であった遊園地である。日本でもどこでもみられる遊園地であり、観覧車が錆びついていた。5月1日のメーデーの日に開園だったために、全く利用されずに終わった哀れなものである。なぜか、そこで測った線量は、結構高かった。ゴーカートがあったが、それも鉄が長らく放置されたらこのように錆びるのか、といわんばかりに赤茶けていた。放射能に汚染された遊具も持って行き場所がないので、そのまま放置されていた。

もちろん市の入り口には厳重なゲートがあり、職員が厳重にチェックしていた。それでは、ものが中に残っているかというと、そこは日本と違って治安の悪い国。今は、警備員が管理しているが、その当時は放射能が高く、警備どころの話ではない。いつの間にか窃盗団が来て、部屋の中はがらんどうになってしまった。放射能に汚染された中古の家財道具がそれと知らずにどこかで売られていた。日本でも、中古車の輸出業者が放射線量を測ったら相当高かったということが報じられた。

プリピャチの木の生い繁った高層アパート群廃墟

プリピャチの一度も使われなかった遊園地のゴーカート

ちりぢりバラバラになった原発の街

２００５年の冬の初めは霧に覆われていたが、６年後の２０１１年春、大平原はからりと晴れていた。空だけ見ていたらなんてのどかな春だろうと思われる陽気であった。

そうしたすがすがしい景色の中で、やはり放射線がまだ出続け、その放射線に悩まされ続けている人たちがいるのだ。平均年齢26歳、夢と希望に燃えてチェルノブイリに結集してきた優秀な原発関係者たちは、いったいどこにどのように散らばっていったのか気になるところである。20%近くの人がもう原発はこりごりということで、他の仕事に変わっていったという。

一方で自分の学んだことを生かしたいと他の原発の施設で働いている人たちもいるに違いない。しかし、大半の周辺の住民、労働者たちは、簡単に言うととばっちりを受けて、悩まされ続けているようだ。

ソ連の崩壊が１９９１年であり、ゴルバチョフ、エリツィンと続く時代である。ソ連がぐらつき始めた時代であり、仕方がないにしても、日本の場合だと戸籍がしっかりしており、被曝した人たちがその後どういう影響を受けるかきちんと追跡調査してデータも残るだろうが、旧ソ連の崩壊によりそれもほとんどできなくなっているようである。

双葉郡は、町ごと新天地へ移住

原発依存を徐々に少なくしていくのが自然の流れ

私はふと思った。この無残な石棺の姿を見、30㎞圏で立ち入り禁止区域になっている農村、寂れた農村の姿。家のお墓、そしてプリピャチの10階建てのアパートの地獄の街の姿を見たら、原発を推進し、再稼動しようとしている人たちでも、こんな無残な姿になる原発は止めようと思うのが、人情ではないか。そういう意味で私は何よりも原発を推進してきた者、例えば、電力会社の経営陣、技術者、それに原発再稼働や原発輸出だと騒いでいる、鈍感な政治家全員に、チェルノブイリに視察に行ってほしいと思っている。

こんな現場を見なくともドイツ、スイス、イタリアは原発廃止を決めている。よく現場主義といわれるが、そのとおりである。現場を見てもらうのが最も手早い。だからこそ私は2005年11月も、なんの意味もなかったかもしれないけれども、入れなかった30㎞圏のゲートのところまで行って、写真を撮って帰った。いつかは入れるようになるだろうと思ってはいたけれども、こんなに早く6年後に入れるようになるとは思っていなかった。ましてや、日本も同じ目にあい、除染の仕方などチェルノブイリに学ばなければならないようになり、担当の農林水産副大臣として行かざるを得なくなって再訪するとは夢にも思っていなかった。

人口減少が続くウクライナ

私は、チェルノブイリ原発事故による健康被害について書物等で読んだことしか知らない。しかし、明らかなことは、ほとんどの人たちが体の不調を訴え、困っているということである。子供の奇形とかそういったことは、あまり追うと差別的になるので数字には出てこない。ヨウ素による小児甲状腺癌だけが放射能と因果関係があるというIAEAの説は、とても信じるわけにはいかない。

原発事故による死者が100万人近くにのぼるというネステレンコ・ベルラド研究所長の推計もある。その証拠にこの広々とした大地のある、ウクライナの人口は、1980年5000万人が、1995年に5112万人になったあと、横ばいから減少し2010年には4545万人になっている。ベラルーシも、966万人から、1027万人に増えた後960万人と元に戻っている。日本のように高度経済成長した後、成熟期になり子供の数が減り、人口が減り始めたのと理由が違うようである。

私はよく知らないが、ウクライナには、ピアニストのホロヴィッツ（ジトームィル州）、アカデミー賞受賞の作曲家ティオムキン、日本でもおなじみのバイオリニスト、アイザック・スターンと芸術家が多く、才能豊かなのだろう、外国に移住してしまう人が多いという。

こういった話は、わずか3日の滞在で知れるはずもないが、幸いというか、通訳のオリガは日本生活5年、お喋りで活発な女性であった。

なににしろ30㎞圏といっても長い。そこに行くまでにかつては1時間半、舗装された道路になってその時間は少なくはなったけれども、かなり広くて時間がかかることは確かであり、その道すがらいろいろなお喋りができた。道すがらのお喋りの成果については、後ほど3章で詳しく紹介する。

功を焦る野田政権、細野原発相の楽観的収束発言

原発事故から9か月経た12月16日、野田総理は記者会見で「発電所の事故そのものは収束に至った」と、いわゆる収束発言をした。

チェルノブイリは大爆発、福島第一原発は冷却機能喪失によるスリーマイルと同じもので、同列には論じられないことはわかる。チェルノブイリでは、溶融中に放出された放射性物質は合計520万テラベクレル（ヨウ素換算）とされるのに対し、福島は77万テラベクレルと7分の1程度に過ぎないという。ただ、圧力容器や格納容器の破損状況もきちんと把握したわけでもないし、燃料がどの部分に貯まっているかも確認すらできていない。細野原発相は、「原発敷地内に限定した」と言い訳するが、敷地外の問題は、除染にしろ避難区域にしろ明確になっていないの

飯舘村のヒマワリ実験畑を視察

だ。つまらぬ言い訳は、住民感情を逆なでするばかりである。国際約束を優先し、原発輸出のために、早く収束させたと印象づけたい思惑がみえてくる。

どうも民主党の皆さんは、野党の癖が抜けず、国民や関係者に嫌われても頭を下げて、正直に現状を訴えて政策を進めようとしない。いつも格好いいこと、ほめられることをやろうとする。TPPしかり、消費増税しかりである。アメリカにも財界にも国民にも誰にもよい顔をしようとする。年末年始を迎える被災者に対し配慮しての宣言であることはわかるが、もう信用を失ってしまっている。福島県議会が12月27日に撤回を求める意見書を全会一致で可決したのも仕方のないことである。渡辺利綱大熊町長のように「収束とは、町民が戻って安心して生活が送られること」と言い出されては、二の句が継げまい。

チェルノブイリでは30km圏内は30年間立ち入り禁止であり、除染など何もしていない。ここはチェルノブイリを直視し、近辺の町は数十年戻れることはないと伝えたうえで、解決策を講じていく以外にない。

収束のための最大限の施策を講ずることとし、その一方で日本独自に除染をしていくことである。特に、この収束の技術、研究、開発については、奨学金を出し、各国に学ばせる最大限の優遇をして優秀な学生を育てていくことが必要である。このような人材がやがて世界の財産になるからである。

3章

キエフの原発学童疎開から探る福島の子供の未来

キエフから子供が消えた１９８６年５月

３回目のキエフ

キエフは正直なところ、日本とは縁遠い都市である。それでいながら私は今回で３度目の訪問となった。最初は１９８４年「鉄のカーテン」のソ連時代、行政官などとても入れてもらえなかった頃で、日ソ農業技術交流に紛れ込み、偽の土壌学者として訪れている。留学と赴任を除き３回以上訪問したのはワシントンＤＣとローマの他になく、キエフは私にとって偶然馴染みの深い都市となった。

今回は、通訳にお喋りで活発な女性、オリガ・ホメンコがついてくれた。文科省の給費留学生として東大で学び、博士号も取得している才女だった。２日目のナロジチの菜の花プロジェクト視察以降２日間は、ずっと付きっきりで助けてもらった。ウクライナは広く、目的地に行くのに時間がかかる。その車中ずっと喋りどおしだった。私の高校時代以来の友人でロシア文学者土谷直人東海大教授の教え子でもあることがわかった。

小学生オリガの１９８６年４月26日

そのお喋りの間の会話の一つ、「25年前の事故のとき、オリガさんはどこで何をしていたの」という私の質問に対する答は、あっと驚くものだった。何気ないお喋りも時として役に立つことがある。以下はオリガ話をまとめたものである。

何か大変なことがチェルノブイリで起こったらしい、という噂がパーッと広まった。近所の医者は危険を察知し、息子を遠くの知人に預けるべく空港に向かったが、キエフ脱出を図ろうとする同じような人ばかりでチケットは買えず、列車も満席。やむなく車を一日中走らせて別の都市に行き、そこで飛行機に乗せグルジアの友人のところに送り込んだ。ところがオリガは、父は出版社の社長、母は国語の先生であり、危険が近づいていることはわかったが、父の方針で抜け駆けは自制した。

突然のクリミア保養地行き

すると、5月中旬、突然入学試験を前にした最高学年（日本の中学3年）を除き、全小中学生がバスに乗せられ、チェルノブイリから少しでも遠く離れたところ（オリガの場合はクリミア半島の保養地）に送り込まれた。

学校の門の前にバスが止まり、次々と乗り込まされ、何が何だかわからなかった。聞きつけた母親たちが集まり、泣き叫んでいた。子供たちもどこに連れて行かれるのかさっぱりわからず、不安な気持ちで旅立った。

クリミアの保養地に着いた途端、着ている服は脱がされ、取り上げられた。思いがけず奪われてしまったその服の柄を今も鮮明に覚えている。いつ帰れるのかもわからず、周りからは被曝者と言われ嫌な思いもした。その一方で、親元から離れ自立しなければならないので、洗濯をし合うなどクラス仲間とは絆《きずな》が深まり、団結心が培われた。

教員も医者も周りの人は一様に親切であり、生活のためには何一つ不自由はなかった。それまで甘えて我ままを言っていた子供も、家族の大切さを改めて認識し、成長したことは明らかである。

チェルノブイリ原発の爆発は10日間で一応おさまり、放射能漏れも少なくなったのだろう。3か月後、夏休みも終わりになる頃にはキエフに戻れた。キエフ周辺から避難した人は100万人に達した。

誰も知らないキエフの大量学童疎開

それなりにチェルノブイリものを読んできた私にとっても、子供が120㎞離れたキエフから大脱出した話は初耳だった。私は、すぐさまこの件を大使館の担当者ばかりでなく、日本の主要な関係者にも国際携帯電話で伝えた。緊急を要する大切な情報だったからだ。私の出張目的は農地汚染による出荷制限や作付制限、土壌汚染の除去等にチェルノブイリの経験を教えてもらうことだが、その前に子供の優先避難という大問題に出くわしたのだ。

そして驚いたことに、私が電話で伝えた関係者の誰一人としてこの計画的学童疎開の事実を知らなかった。こんな大切なことも知らずに、福島原発事故対策が講じられていたとは知らなかった。これでは、対応が後手後手になるはずだ。

ウクライナ大使館は早速事実を調べてくれた。旧ソ連時代のことで資料はそれほど残っていないようだが、大使館の現地採用の人たちも皆、大量学童疎開のことを知っており、オリガの話を補強してくれた。

しかし、農水副大臣を辞し、巻末の参考文献のチェルノブイリ関係の原発関係本を読むと、私のその間のアプローチは仕事上、食べ物の安全性、そして体への影響という面に向かい、事故処理等が抜けていたことに気付いた。

キエフから子供が消える

ロマネンコ保健相は、1986年5月8日ウクライナのテレビで演説した。放射線量が前より下がっていると発言し、視聴者を安心させようとした。子供を含め、住民の健康に危害をもたらす数値ではない。とはいえ、放射性粉塵の危険性については注意を促した。住民は毎日シャワーを浴び、洗髪するように。子供は戸外で遊んでもよいが、時間は制限すべきである。そして、キエフ市の児童の健康強化のため、今学年はいつもより早く5月15日をもって終了すると発言した。オリガの説明どおり、4月26日から1か月も経たない5月中旬には300万都市キエフから25万人の子供がいなくなっている。5月8日、ありとあらゆる交通機関を最優先して使い、子供をチェルノブイリから遠ざけるべしという命令が下りた。もともとサマーキャンプで遠出する習慣があり、そう違和感がなかった。つまり、大混乱や不安を避けるため、夏休みを繰り上げろという形にしたのである。

小さな子供には母親の同伴も認められ、50万人を超える母子と妊婦が5月25日までにキエフを脱した。学齢以下の幼児は屋内退避で我慢できるが、元気盛りの小中学生は外に出るから放射能の少ない地域に連れ出す以外にないと考えたのかもしれない。また小学校に上がる前の幼児は集団生活ができないため、仕方なく母とともに放射能を遮れるホテルやサナトリウム（療養所）等の堅固な建物に収容した。更に、7年生までとし、日本でいう高校受験を控えた中学の最上級生を疎開対象から除く現実的対応をしている。

日本が子供をほとんどそのままにして何もしないのと比べ、ソ連の厳重な対応は、ほれぼれする。しかし、甲状腺の内部被曝を予防するヨウ素剤は10日間分くらいしかなく、また、12時間以内に飲み始め、継続的に飲まなければならないため、残念ながら配布されなかった。このため、すぐに配布され服用したポーランドと比べ、癌患者が多くなってしまった。

一人の女性幹部の決断が子供を救う

キエフの当時の放射線量は、ソ連政府が秘密にしており、本当のところわからないだろうというのがオリガ解説。秘密にし大袈裟にしたくなかったソ連政府と、国民の被曝を少しでも少なくしたいウクライナ共和国の間でも、相当すさまじいやりとりが行われたことは想像に難くない。モスクワから派遣された放射線の専門家イリイン博士、イズラエリ水文気象委員会議長等は、放射線量は一時疎開をする基準値以下で、食品に含まれる放射能も住民に危険をもたらすものではない、と日本でもよく聞く楽観的状況を述べた。疎開など必要ない、とソ連政府側は強く主張した。

ウクライナ共和国のシチェルビッキー書記長は、将来の自らの責任を逃れるべく、二人のモスクワから来た博士に文書化することを要求した。つまり、自ら決断を下さず、科学者の判断に従った証拠を残そうとしたのである。政治決断できないトップは、日本にもどこにもいるのだ。モスクワのソ連政府は、ウクライナが根拠のない慌てた行動を行ったため、キエフの人々の間にパニックが起こったと批判した。なにしろ放射能が降る中、5月1日に平然とメーデー行進を続けていたのだ。

それに対し、ウクライナの一人の女性幹部　チェフチェンコ最高会議議長が、子供を放射能汚染から守らなければならないと大反論し、イリインとイズラエリの両博士に対し、チェフチェンコは、「あなたの孫がキエフにいたらどうするか」と聞いたという。こうした女の「鉄の意志」で学童疎開を大決行したのである。ソ連政府は、300万人の人口を擁するソ連の第3の大都市キエフの混乱を恐れ、ひたすら穏便に、そして秘密にしようとしたが、キエフは住民を守るために反旗を翻したのである。

この決定に対しソ連政府はカンカンだった。ソ連の信用失墜をも恐れたのだが、一方、ペレストロイカ（構造改革）、グラスノチス（情報公開）の時代を迎えていた。大混乱を経て、ソ連という国家が破綻するのはこの5年後である。

見識のある人に任す世界

一方、ベラルーシにも、チェルノブイリ事故後、政府当局の迫害にもめげず、住民の健康被害防止に努め、1990年に自ら設立したベラルーシ放射線安全研究所（ヘルラド研究所）の終生所長だったワシリー・ネステレンコがいる。風と雨の関係でベラルーシこそ被害が最大の国となってしまったことは定説となっている。87年にはダウン症の子供の数も3倍に増えた。また、ある地区では、検査した子供全員からプルトニウムが検出された。猛毒の発癌物質が体の中に蓄積されており、免疫力を低下させ、抵抗力を奪い、あらゆる病気を増加させている。モスクワがすべての権限を持っていた時代に、きちんと抵抗する者がいたのだ。ネステレンコは、事故後20年間の死者数は98万5000人に達すると推計している。

私はこの話を聞き、サリドマイドが催奇性があるとして、頑としてアメリカ国内の販売を禁止すべきと主張した、アメリカの女性研究者フランシス・ケルシー女史と、それを聞き入れたアメリカ食品医療品局（ＦＤＡ）長官のことを思い出した。このおかげで、あの催眠薬常習者の多いアメリカで、奇跡的にただの一人もサリドマイド児が生まれなかった。そして、ケネディ大統領から勲章をもらい、２００５年90歳までＦＤＡに勤務した。どこの国にも将来を見通すことのできる人がおり、不思議なことにそれが通るのだ。

ムラ社会が少数意見を排除する日本

しかし残念ながら、日本の組織内、例えば、役所なり国の研究所にはこうした人があまり多くなく、たまにいてもその人たちの意見はほとんど取り入れられず、人事上も政策上もほぼ干されてしまっている。そういう意味では、日本の組織は、ソ連の共産主義時代より閉鎖的であり、非民主的ということになる。こうしたことから、東電の原発トラブル隠し事件や、オリンパス事件が起こるのかもしれない。

ただ一つの救いは、そういう日本の閉鎖社会の中でも、大学、少なくとも京都大学が、今中哲二、小出裕章等に自由に反原発の研究活動を許したことは特筆に値する。大阪府熊取町の京大原子炉実験所に所属していることから「熊取六人衆」と呼ばれ、原子力ムラからは徹底的に排除され、ろくな研究費ももらえなかっただろう。そして教授になれずに助教、すなわち昔でいうと助手のまま定年を迎えている。それにしても学者魂の権化のような人たちであり、敬服せざるをえない。私は、自分の卒業した京都大学をそれほど意識したことはないが、様々な圧力にもめげず研究を続け、警鐘を乱打し続けてくれたこの六人衆は誇りに思う。

英断を下さない日本の小心政治家

更にもう一つ言えば、政治家はもっとひどい。科学的なことだからと学者に丸投げする。そこに被害者代表は入らず、まして政府見解に反対する学者は入ることがない。政治が異論を葬り去るのである。その延長線上で、国会の賛否は99％党議に拘束され、思考が停止し、反対意見を封じてしまう。改めなければならない日本の欠陥である。

農業や土壌について事故対応のことを聞いても、「大体1991年からは……」という答えしか返ってこない。つまり1986年はまだ旧ソ連体制下であり、ゴルバチョフの改革の時代と重なり、かつ崩壊寸前の状態でろくな対応策が講じられなかったのが伝わってくる。そうしたなかで、毅然と子供を救う行動に出たウクライナ共和国の英断、そしてそれを許したソ連邦幹部は、危機管理の何たるかを知っていたのである。

それに対し、太平の眠りかどうか知らないが、感度の鈍い日本の為政者の何と多いことか。これでは日本国民も子供も救われない。

日本の農村が支えた戦争中の学童疎開

長野県は戦争中に学童疎開を積極的に受け入れており、関係者の話をたくさん聞いたことがある。

日本の学童疎開は、連合国軍により本土空襲が始まる1944年8月4日に開始された。戦争中の学童疎開は、子供はやはり何としても救わなければと考えたゆえのこと。大都会の子供は村の有志の家やお寺に住みながら、数か月から数年農村に助けてもらったのだ。

愚かな戦争に走った大日本帝国も、子供を守ることにかけては知恵を絞り、大胆な集団学童疎開を断行した。その数は40万人と推計され、これにより戦火を逃れ、大半は疎開先で終戦の日を迎えた。

民主党は、自民党よりも、大日本帝国の失敗にはきつい非難をする人たちの集まりである。しかし、その批判の対象にした戦前の政府のほうが、子供を救うためにずっと大胆なことをしたのである。そして、民主党政権は、後述するように、児玉龍彦東大教授の厚生労働委員会での必死の訴えにもかかわらず、菅総理も枝野官房長官も細野内閣総理補佐官（原発担当、のちに内閣府特命担当相などとしても原発を担当）も微動だにしなかった。詳細は書かないが、私も私なりに詳細な対策の案まで作成して動いたが、残念ながら実現しなかった。私の考えと児玉教授の考えはほぼ似通っていることだけは記しておく。

救いの手が差し伸べられない福島の子供

ウクライナの原発学童疎開と日本の子供の受け入れ申し出

福島原発のニュースが流れると、ウクライナでは日本大使館に子供の避難を受け入れるという電話が殺到した。電話を受けた大使館員は、なぜそういう申し出が多いのか理由がわからなかった。そして、私のオリガ話により、その謎が解けたのだ。キエフからの学童疎開という原体験があり、原発から子供を逃がさなければならないことを国民が知っていたからだ。そして、身につまされて申し出ていたのである。

ウクライナで見る世界地図上の日本は、太平洋の右端にあり、小さな点に毛が生えたくらいの広さでしかない。福島原発事故で日本中が汚染され、日本から子供を脱出させなければならないのではと、誤解するのも無理はない。

日本は広島、長崎のことがあり、チェルノブイリ支援に相当肩入れしてきたが、そのことを何よりもウクライナ国民が承知していた。そして今度は同じようにお返ししようとしてくれているのだ。何と温かい心根だろうか。しかし、日本とウクライナ、学童疎開の記憶には67年前と25年前の差があり、どうも日本では忘れ去られ、ウクライナでは鮮明に残っているようだ。

日本の対応は本当に遅い。私は前述のとおり、２００５年秋にチェルノブイリの30㎞圏の入り口に立った。見ておかなければならないと思ったからだ。そして、２０１１年4月下旬、チェルノブイリに学ぶために研究者等を派遣し、自らも乗り込んだ。我々が一番乗りであり、官僚も含め日本政府はチェルノブイリから学ぶ姿勢に欠けていた。２０１２年度には、ウクライナ大使館の定員を30人から6人増やすなど、やっと動き出した。ただ一つ感心したのは、原子力を学んだ大使館員が、ＩＡＥＡ（国際原子力機関）対応のウィーン勤務後キエフにいたことである。日本外交には、法律、経済、行政職だけでなく、環境や原子力については、プロの知識が必要である。

子供の被曝に打つ手なし

一方、7月13日、菅総理は、具体的道筋は示されていないという批判はあるものの脱原発を宣言した。日本は、世界の流れに沿って原発依存社会から脱却する方向に向かいつつある。当然のことである。

牛肉の汚染が発覚した後、牛の餌である稲わらの汚染ばかりが喧伝された。稲わらの69万Bq／kgの汚染が問題なら、そもそもそんな地域で暮らすことが安全なのか、そこでできた作物を子供まで食べていいのかどうか、ということがさっぱり問題にされていないのが不思議である。感受性の強い子供は、あらゆる種類の被曝の危険に晒されているのだ。それにもかかわらず、子供の被曝の回避には何の手も打たれない。不公平もいいところである。

放射線の強さは距離の2乗に反比例するので、遠く離れていれば大丈夫だと勘違いしている人が多い。α線γ線β線が何㎜から何㎝まで影響を及ぼすかという議論がごちゃまぜにされている。セシウムを例にとれば、福島第一原発のセシウムも、風で飛んで郡山まできたセシウムも同じく危険なのだ。距離が問題になるのは、そのセシウムからの距離なのだ。そして次に被曝に2種類あり、食べ物を通じて体内に入るか、吸い込みにより体内に入るかの体内被曝こそ危険なのだ。従って体内被曝の危険は、放射能に汚染された野菜や牛肉を食べるという点で、東京の子も福島の子も同じである。それに対し、吸引は、汚染稲わらの近くの子供こそ大きな危険に晒されている。その横の道を毎日通り、晴れた日には田んぼの稲わらの上を飛び跳ねて横切っているとしたら、大量の放射能を吸い込んでいることになる。

抽象的な脱原発宣言よりも、食べ物への過度なこだわりよりも、何よりも真っ先に対応すべきは、この吸引による体内被曝なのに、このことが指摘されたり報道されたことがない。そして、一旦体内に入ると、次に距離が問題になる。ずっと体内にとどまり近くの細胞を痛め続けることになる。ヨウ素は半減期8日間でも、ほぼゼロになる3か月後までずっと放射能を出し続ける。その間に甲状腺にたまったヨウ素により癌が発生してしまう。セシウムはもっと長く居すわり、近くの細胞にやはり悪影響を与え、癌を発生させたり体調不良の原因となる。

大人より放射能の感受性の強い子供

若ければ若いほど細胞分裂が盛んなことから、例えばゼロ歳児は大人の4倍の感受性があるなど、子供は放射線の影響を受けやすく、放射能に弱い。年間20mSvの被曝で1万人のうち80人が癌で死亡、ゼロ歳児だと320人がやがて癌になるという。だから、EUも6か月未満の幼児の基準値は厳しめにし、日本でも飲料水の規制値については、子供は大人の3分の1の100Bq／kgとしていた。ウクライナの母親は、子供の敵は「パンの中、塩の中」にあるとして、放射能を吸い込み、口にすることを気づかった。

IAEAは、チェルノブイリ事故による健康障害として、1996年になって唯一小児の甲状腺癌を関連ありと認めている。その他、免疫力の低下、特殊な呼吸器疾患、血液の異常等さまざまな障害が知られている。より具体的には、風邪をひきやすくなり、疲れやすく、貧血の子が多くなる、免疫システムにも悪影響が生じ、感染症にかかりやすくなる、目の水晶体の混濁、白内障、糖尿病も増えるという。そのために投薬を継続しているところもある。

菅谷松本市長の警告

菅谷昭長野県松本市長は、ウクライナよりも汚染が深刻ともいわれるベラルーシで1996年1月より5年半、小児甲状腺癌の専門医として医療支援活動をしていた。『チェルノブイリ診療記』と『チェルノブイリいのちの記録』は、目頭を熱くしながら一気に読んだ。インドとパキスタンの争うペシャワール地域で、ブルドーザーで水路を整備しながら尽くす、ハンセン病が専門の中村哲医師と同じである。手（腕）に職のある人は、その技で世界中どこでも貢献できる。私も、農林水産省で一番やりたかった仕事は、自然にやさしい日本型の農業技術の発展途上国への移転であり、こういう分野で活動している人たちに興味が引かれていく。

甲状腺癌は４〜５年後から急増し、10年目にピークとなり、最も高度に汚染されたゴメリ州では通常の１３０倍になったという。正確ではないが、チェルノブイリ近辺で約４０００〜６０００人が甲状腺癌になったと言われている。ただ、大半が進行が遅く、診断10年後の生存率は95％で、死亡者は十数人というのが救いである。菅谷市長がかつて手術を手掛けた二人の姉妹の家を訪問したところ、二人の従妹も来ており、そのうちの一人が甲状腺癌の手術を受けていたと驚いている。それほど多発しているのだ。最近、大人の患者も増えているという。甲状腺癌は命にかかわることは少ないが、６人に一人が肺に転移している。手術して治るが、拙い手術により「チェルノブイリ・ネックレス」と呼ばれているL字型の大きな切開創が残り、一生薬を飲み続けなければならない。また、ここ10年くらいは早産と未熟児が非常に増えているという。いわゆる「晩発障害」である。

あまりよく知られていないが、医療の充実しているキューバは、被曝した子供を治療し始め、ソ連崩壊後もずっと続けている。美しい話である。

ウクライナ放射能汚染区域と福島県の測定値の比較

ゾーン名	Exclusion zone 避難(特別規制)ゾーン 立ち入り禁止区域(30Km圏)	Compulsory relocation zone 移住義務ゾーン	Zone of guaranteed voluntary relocation 移住権利ゾーン	Zone of enhanced radioecological monitoring 放射能管理強化ゾーン
セシウム137 土壌汚染密度 Bq/m²(Ci/km²)	n.d.	555,000以上 (15以上)	185,000～ 555,000 (5～15)	37,000～ 185,000 (1～5)
年間被曝線量	n.d.	5msv/年以上	1msv/年以上	0.5msv/年以上
時間被曝線量	n.d.	0.571μsv/h以上	0.114μsv/h以上	0.057μsv/h以上
福島県の 該当市町村 (μsv/h)	飯舘村(1.0～15.2) 川俣町(0.7～6.1) 葛尾村(1.0～13.2) 浪江町(0.6～31.8) 市原町(3.7～9.5) 大熊町(2.7～66.5) 富岡町(1.6～14.9) 双葉町(3.7～23.2) 南相馬市(0.3～7.4)	いわき市(0.0～1.9) 郡山市(0.8～1.4) 伊達市(0.2～2.9) 川内村(0.1～1.4) 楢葉町(0.4～1.7) 田村市(0.2～1.9) 二本松市(0.4～0.8) 福島市(0.3～1.6) 本宮市(1.3) 須賀川市(0.70～0.77) 天栄村(0.54～0.60) 桑折町(0.72) 白河市(0.21～0.61) 相馬市(0.15～0.93)	広野町(0.3～0.5) 三春町(0.25～0.26) 鏡石町(0.17～0.20) 玉川村(0.13) 浅川村(0.13～0.14) 平田村(0.15) 古殿町(0.14～0.15) 北塩原村(0.13) 磐梯町(0.12) 国見町(0.35～0.37) 大玉村(0.46～0.47) 矢吹町(0.25～0.26) 西郷村(0.52～0.53) 泉崎村(0.48) 中島村(0.16) 棚倉町(0.22) 塙町(0.18) 鮫川村(0.14～0.15) 南会津町(0.08～0.12) 新地町(0.16～0.17)	小野町(0.1) 石川町(0.09～0.10) 喜多方市(0.11) 西会津町(0.05) 猪苗代町(0.10) 会津坂下町(0.11) 湯川村(0.11) 柳津町(0.11) 三島町(0.10) 金山町(0.08) 昭和村(0.09) 会津美里町(0.09) 矢祭町(0.10～0.11) 下郷町(0.07～0.08) 忠見町(0.07～0.08) 檜枝岐村(0.08)

注：文科省測定2011/9～11。福島県測定2012/1/18（篠原作成）

ほっておかれる福島の子供

2003年ベラルーシの死亡者の八つの臓器を調べたところ、すべてにセシウムがみつかり、甲状腺にはヨウ素だけではなく、セシウム137も集まることがわかった。しかも子供は大人の3倍、1200Bq／kgにのぼった。このことから、汚染地区では食べ物由来の内部被曝が続いており、子供により顕著に現れることが改めてわかってきた。

それにもかかわらず、日本では福島原発のごく近くで平気で4月新学期を開校しているし、学童を安全な場所に一旦移動させる話などを全く進めなかった。3月11日以後数日の原発事故対応は、わからないことばかりで、後解釈であれこれ言っても仕方のないことが多いのに対し、子供の対策は十分に時間があり、いくらでも疎開ができたのだ。それにもかかわらず、何一つ手が打てなかった。日本の原発事故対応で最もひどいのが、子供への配慮、救済である。その顕著な悪例は、空中線量も土壌汚染も念入りに測定され、野菜、米、牛肉と食べ物も徹底的に検査が行われ、出荷規制されているにもかかわらず、人間の体、なかんずく子供の体はほとんど検査されていないことである。

10月4日、日本チェルノブイリ連帯基金（松本市、鎌田實理事長）と信州大学病院が、福島県の子供たち130人を対象に行った健康調査で、10人（7・7％）の甲状腺機能に変化が見られ、経過観察が必要と診断された。原発事故から逃れて長野県茅野市に短期滞在している子供のうち希望者を調査した結果である。今後とも長期的に検査を続ける必要があるのは明らかである。

1986年5月のキエフより汚染度が高い福島県中通り

こういうと、「いや放射線量が違う。日本はたいしたことない」という反論が予想される。曰く、福島で放出された放射線量はチェルノブイリの10分の1に過ぎないし、今は収束しつつある。キエフの国際会議の資料の中に、86年5月10日のセシウム137の土壌汚染地図が残されていた。イズラエリ水文気象委員会議長が、放射能測定装置を備えた飛行機とヘリコプター計8機で空から汚染度合いを調べ、5月1日には汚染地図が完成していた。もちろん汚染地図は最高機密とされ、公表されたのは3年後だが、これをもとに避難区域が決定されたに違いない。この点４章で述べるとおりスピーディ（Speedi　緊急時迅速放射能影響予測ネットワークシステム）が避難に利用されずに、線量が高い方向に避難した者がいた福島と比べると、ずっとましである。

二大核大国の一つソ連は日本と異なり、危機管理対応ができていた。文部科学省の11年4月25日のセシウムの蓄積状況と比較してみると、飯舘村付近でキエフの20～60倍、伊達市で6～12倍と、福島県の中通りの方がキエフよりずっと汚染度合いがひどいことがわかる。かなり緩めの屋外活動制限基準の３・８μ（マイクロ）Sv／hを超えた小中学校が50を超えているのだ。

これは、年間20ｍSvという被曝許容量をもとにした数値であり、後の１ｍSvを基準にすると０・１９μSv／hとなるが、この３・８μSv／hを見直していない。食べ物の規制値は見直しているのに、どうもちぐはぐである。この３・８μSv／hという数値は原発内の労働と同じ環境であり、一般人でも被曝防止のために立ち入りを制限される値に近い。文科省が4月19日に示した、子供でも年間20ｍSvを認める甘い基準でも危ういところが多い。この年間20ｍSvを、１９９1年のウクライナの基準に照らし合わせてみると、５ｍSv以上が強制避難区域となっており、その4倍に当たる。それだけ汚染された地域に住んでいることになる。

このことを文科省や官邸は知っているだろうか。私は疑問に思う。ソ連は自由が制限され、人権も無視された冷たい共産国家だと言われてきたが、そのソ連のほうが子供の命や人権を重視していたと言わざるを得ない。日本は何と冷酷非情な国になってしまったのか、嘆息するばかりである。

危険な汚染土壌による被曝

その後、除染を行ったが、線量の低減は3割ほどにすぎない。また、日本では除染作業ばかりが喧伝されるが、少なくとも土埃が舞う除染作業中は、子供や妊婦は絶対に避難すべきだ。が、そうした注意も万全ではない。チェルノブイリの危険な移住義務地域の子供は、肺炎・気管支炎などの呼吸器等の病気は2倍、血液等の障害が2・5倍となるなど病気になりやすくなっている。土壌汚染と空間線量は相関関係にあり、2011年8月末には完成した土壌汚染地図により、日本でも食品の汚染や人の被曝を測れることになる。福島も相当汚染されていることを忘れてはならない。

日本では、汚染された農作物を食べることによる体内被曝を未然に防ぐため、例えば米は500Bq／kg以上汚染された地域では作付制限を行うことにした。ところが、ウクライナの作付制限は、農作業により舞い上がる土埃による汚染の危険を防ぐことに主眼が置かれた。セシウムは、地表の15㎝ぐらいが汚染されているだけだ。ウクライナは降雨量も日本の3分の1の600㎜程度しかなく、乾燥した農地は耕運により余計に土埃を立てることになる。このため、農民ばかりか近隣の住民の被曝量が増大する。また、吸い込む体内被曝の危険も増大する。日本で、背の小さい小学生の遊ぶ校庭や通学路の汚染による被曝が懸念されるのと同じである。

親の不安は増大の一途

「原発絶対安全神話」は、無残な事故で打ち砕かれているのに、枝野官房長官はそれすら「直ちに健康に影響はない」という意味不明な発表ばかりしてきた。直ちに影響が出るというのは重大事態であり、国民はそんなことを聞きたいのではない。そもそもこんなことをズブの素人が解説するのは可哀想で、アメリカだとプロがきちんとコメントする。常日頃立て板に水で、喋りすぎるぐらい雄弁な枝野官房長官も、原発に関する基礎的知識不足でゆっくり発言メモを読み上げるしかなかったのだろう。こんなおどおどした話振りでは、更に不安が増していく。そして途中で「いや実は……」というものや、数字の変更等、更に不安を増す発表が続いた。

２０１１年4月19日、原子力安全委員会の委員が、子供については基準値を厳しくして大人の半分の10ｍSvに抑えるべきだとしたが、文部科学省は翌日撤回した。日本の被曝限度は平常時の一般住民の場合、国際放射線防護委員会（ＩＣＲＰ）の勧告に基づき年１ｍSvに定められている。ところが、ＩＣＲＰの勧告も緊急時には20～１００ｍSvとしていることから、復旧時にはその中間で1～20ｍSvとしてきた。ただ、これらの基準も食品の規制値も、安全基準ではなく、「許容基準」なり「我慢基準」にしかすぎない。

そして、小学校や幼稚園での屋外活動制限の放射線量は当初、年20ｍSvとしていた。4月29日、この分野における日本一の権威である小佐古敏荘内閣官房参与も、政府のあまりに杜撰《ずさん》な対応に抗議の辞任をしてしまった。長期的に1mSvを守るとしたら、福島県のみならず、相当広範囲から、少なくとも子供は避難しなければならなくなる。政府は腰が重くなるのは仕方ないかもしれないが、あまりに数値をいじるのは国民の不安を増大させるばかりである。

危険な内部被曝

この基準は外部被曝のみであり、300~1000倍危険な内部被曝（吸引と食べ物による）が少しも計算に入っていない。つまり塵埃《じんあい》を吸い込むことや汚染された食べ物を口にすることが最も危ないのだ。これでは、児玉龍彦東大教授のいう「お母さん革命」が起こって当然である。

福島とフランスのNGOが5月30日には福島市内の子供10人の尿の検査をしたところ、全員の体内被曝の事実が明らかとなった。こうした検査は、ホールボディカウンターを備え、日本国政府が責任をもってしなければならないことだが、2012年夏にならないと手に入らず、急いでやる気配がない。繰り返すが、日本では、信じられないことに人間（子供）より、牛肉や稲わらや農作物のほうが念入りに検査されているのだ。本末転倒である。

その意味で、7月24日、福島県が18歳以下の子供36万人の甲状腺検査を生涯にわたり実施すると決めたのは朗報である。ただ、40歳以上でも被曝により甲状腺癌のリスクが高まるともいわれており、いずれにしろ成人も含めた検査体制を敷いていく必要がある。

これから福島原発の影響を受けた人たちが癌にかかった場合、仮にそうでなくても必ず被曝が原因ではないかと不安になるだろう。私は、こうした人たちの被る精神的ダメージも考慮し、少なくとも人間ドックの検査費用は全面的に東電・国が支援し、甲状腺癌の治療費の半分は助成するような仕組みを考えてもよいのではないかと思う。どの病気なら助成するという判断が難しいとしたら、医療費の3分の1は助成するとか、ともかく救いの手を差し伸べるべきである。

温かい手が差し伸べられたチェルノブイリ付近の子供

前述のとおり、キエフからは、24万人の学童が、1か月以内にすべて疎開して、放射能の大量被曝から逃れている。事故後、生涯線量レベルの80～95％を超える被曝線量を受けた人もいるが、1986年生まれの子供に対する追加被曝線量は1mSv／年、全生涯70mSvを超えてはならないとされている。学童疎開により、被曝量は30％まで防ぐことができた。その後、毎年4週間以上保養施設に行き、健康増進の機会を与えられている。

一方、隣国ポーランドのワルシャワでは、放射線量が平常の150倍に達した。そのため政府は4日後の4月30日には16歳未満の1300万人の子供にヨウ素剤を投与し、子供が汚染されたミルクを飲むことを禁止し、3歳以下の子供には粉ミルクを配っている。そのため、ベラルーシより甲状腺癌に悩む人の数がずっと少なくてすんでいる。

ベラルーシでは、汚染地域（4段階の最も少ない地域も含む）の子供を、夏休み等に清浄地域のサナトリウムで、政府が全額負担して療養させている。汚染されていない食べ物を食べ、外でも思い切り遊ばすためである。同行する親も無料か1割負担となっている。また、小規模校は学校全体で療養を実施し、移動先で授業も行っている。更に汚染地域の子供に対して、給食は無料としている。なるべく汚染地域の食べ物を食べさせず、遠くの食材を使うため高くなるからである。また、学校には放射性物質の情報センターがあり、子供が各家庭の食料品を持ち寄って測定器に入れ、放射線量を調査できるようにしている。内部被曝が被曝リスクの大半を占めるからである。低線量の被曝の影響ははっきりとわからない中、いずれの国も被曝の恐れのある子供には、温かい援助の手を差し伸べているのだ。つまり、国家が後世代の子供に償うべく守ろうとしている。それなのに、日本は子供の救済に政府が本腰を入れる気配が全く感じられない。「世代責任」が果たせていない。

ウクライナ、ベラルーシの子供への対応に倣う

ウクライナ、ベラルーシに対し、日本では低線量地域の福島県中通りでは、除染以外何ら手が打たれていない。個人的に連休には遠くに連れていったりして自己防衛している人がいるが、それでは費用がかさむ。避難区域等と明確な指定がないかぎり、東電の補償ということにもならない。現に賠償申請の資料を取り寄せた人もいるが、今のところ賠償対象には全く考えられていない。ここでは、国がしかるべき対応をしないと身動きがとれまい。なぜならば、市町村や福島県からすれば、危ういことを言いすぎると子育て世代がいなくなり、税収も減り、地域として崩壊

していくことにつながるからだ。しかし、そこは子供と大人を分け、子供は手厚くしてやらないとならない。ウクライナやベラルーシに倣うべきである。

菅谷松本市長は、時間になると帰ってしまう看護師やトイレも満足にない病院に音を上げ、少々不満も述べているが、サナトリウムで子供を大切にする姿勢に感服し、日本も見習うべしと力説している。

6月、郡山市の14人の児童と保護者が、放射能汚染から安全な場所で学べるよう、学童疎開を市に求める「ふくしま集団疎開裁判」を起こしたのも、当然の成り行きである。こういう声は今後日増しに強くなることは確実である。

福島でも必要な原発児童疎開

1か月以内にすべきだった原発学童疎開

福島では、ヨウ素剤は70万人分用意したものの、政府は何も指示せずにほったらかしにしていた。事故後1か月、キエフから子供の姿が消えたのに対し、日本では、3月11日から1年以上たっても、子供たちを放射能に晒さないという温かさ、慎重さが感じられない。原発は安全という神話を信じきり、事故がソ連に起こっても日本には起こるはずがないと高をくくり、いざというときの避難についても、先例に学ぶという謙虚さに欠けている。

全国各地から、避難者を受け入れるという申し出が寄せられた。それなのに、肝腎の国が本気で守ろうとしないのは、矛盾以外の何ものでもない。コンクリートから人への標語のもとに、子供は社会全体で育てるものという理屈で設けられた「子ども手当」も霞んでくる。放射能から子供たちを守るための学童疎開に「子ども手当」予算の一部を使ったところで、国民は文句を言わないはずだ。むしろ、日本の母親たちはそれを望んでいると思う。

私は、2011年4月下旬、チェルノブイリから帰国後すぐ関係者に、今からでも遅くないから即刻福島の中通りの子供を学童疎開させるべし、という次に述べるような具体的提案を持って回った。

まず、受け入れ施設だが、全国に過疎の市町村は多く、校舎に不足はない。私の地元の例でいえば、廃校となった鉄筋コンクリート3階建ての立派な校舎が、夏休みに都会の塾の夏期講習にしか使われていない。宿泊施設は温泉宿も多く、たくさんあるスキー用のホテルやスキー民宿も夏は空いている。先生はというと、長野県は毎年300人の教員退職者がおり、65歳までの人だけでも1500人もおり、ベテランの先生が意気に感じて馳せ参じてくれること請け合いである。

予想される懸念に答える

学童疎開にはいくつかの反論が予想される。

一つは、幼い子供は、両親のもとを離れる精神的ストレスのほうが大きいのではないかというもの。それはあるかもしれないが、細胞内に蓄積されたセシウム等がβ線を発し続け、悪影響を及ぼすという取り返しのつかないダメージに比べれば微々たるものではないか。少なくとも1学年が皆同じところへ疎開することで精神的ストレスは減少する。

二つ目は、お金の問題である。私は別途試算してみたが、大してかからない。（例：避難者の手当が一人1日5000円で、1か月15万円だが、子供ということで10万円／1か月とし、20万人が2か月疎開するとして400億円。移動費用を50億円、疎開先教育の手当50億円を見込んでも、1000億円以内で十分対応できるのだ。もちろん、どのくらいの学童を疎開させるかでこの金額が異なるが、思ったほどかからない）。

三つ目は、少子化の中、両親の子離れができないということが考えられる。これは、1か月に2回ぐらいは子供のところに行ける旅費を支給するといった工夫で対応できる。

四つ目は、福島県からの転出者が相当多くいると報じられる中、学童疎開などしたらそれに拍車がかかるという懸念である。心配はわかるが、それよりも子供の健康を優先するべきであり、きれいに除染された母校や故郷に戻ればすむことである。放っておいて永久移住を誘発するよりもましと考えるべきである。

10年後にヨウ素による甲状腺癌が急激に増加しているかもしれない。セシウムのほうは定かではないが、体内被曝も進んでしまっており、後遺症に悩まされる人が増えている可能性が高い。今も放射能の漏出が完全に終息していない。土壌は汚染され、校庭も通学路も表面はかなり汚染されている。前述のとおり、全国に相当の子供を迎える準備はできている。ベストは、すぐ、次は新学期が望ましかった。遅くとも夏休みの間でも効果はあった。しかし、今でも思い切って汚染地域の小中学生を各地に疎開させ、子供がいない間に校庭や通学路の除染を段階的に行い、少しでも安心して通える状態にしてから戻ってもらう方法もある。

本当に残念でならないが、4月下旬のチェルノブイリから帰ったばかりの提案も、7月の再提案も関係者には全く受け入れられなかった。しかし、1年近くすぎた今（12年2月）でも、原発学童疎開は遅くないと思っている。

広河隆一報告から深く進行する放射能汚染をみる

原発について詳細にレポートする「DAYS JAPAN」の編集長広河隆一が、チェルノブイリの原発避難民の健康アンケート調査を行い、その結果をまとめている（『暴走する原発―チェルノブイリから福島へ、これから起こる本当のこと』２０１１）。ＩＡＥＡは小児甲状腺癌と放射能との因果関係しか認めていない。しかし、住民の4分の1が癌で死亡している村、母乳のすべてからセシウムがみつかる地域等、低線量汚染なり原発直後の汚染なりの悪影響を示す断片的データは枚挙にいとまない。

広河は、救援活動の実績と現地の人々との結びつきから、1996年月にプリピャチ市の4分の1の1万1850人から回答を得ている。

約半数が事故直後に金属の味を感じたという。事故の煙を見たときに頭痛60・6%、異常な疲労感56・3%、吐き気43・8%、喉の痛み40・7%を感じている。そして大変なのは、10年後、健康だと答えたのは僅か1・7%、頭痛に悩まされる人74・3%、疲労感74・2%、手足などの痛み61・1%、めまい51・1%となっている。原発の後遺症はずっと続いており、47・3%が健康悪化の要因として原発事故をあげている。

17km離れたチェルノブイリ市でも大体同じ結果となっている。私が訪問したナロジチ地区から194人の回答が寄せられ、現在の健康状態でみると、疲労感73・7%、頭痛69・1%、手足などの痛み63・9%等と続いている。これまた大体同じ傾向がみられる。

子供の命と健康を守る

既に、経済的余裕があったり遠くに親戚がいたりする者は、子供を福島から離れさせている。新聞各紙が夏休みとともに続々と長期キャンプ等に出かけていると報じ、2011年7月27日読売新聞は、1面トップで福島市の小中学生310人（全体の1・3%）が県（市）外に転校し、郡山市からも既に553人が転校していると報じている。当然の動きである。そうした余裕もツテもない子供が、被曝の危険に晒されたままというのは許されることではない。

11年12月　共同通信の調査で、原発事故から12月までに福島県外に転校、転園を経験した小中学生、幼稚園児は1万9386人に及び、地元に戻ったのは僅か1429人（7％）にすぎないことがわかった。南相馬市の南部のように、避難先での学校圏内や9月末の緊急避難準備区域の解除で、徐々に戻ってきている一方で、いわゆる中通りの自治体では、2学期以降も出て行く者が後を断たない。放射能に対する漠然とした不安が募るばかりで、何も手を打たないことによる当然の結果といえよう。

チェルノブイリは四つの区域の指定は、事故から30年後の2016年にしか見直されない。それどころか、ロシアの専門家は、日本ではむしろ立ち入り禁止区域を拡大すべきだと提案している。それをステップ1が過ぎただけなのに、20～30㎞圏の緊急時避難準備区域の縮小解除について地元と協議に入るなどと、甘い言葉が出始めている。やるべきことを完全に履き違えている。

守られなかった6月2日の代議士会での菅総理への注文

2011年6月2日正午、菅内閣不信任案への対応を巡り、民主党代議士会が開催された。政局がらみの虚しい駆け引きが続く中、原口一博・川内博史の両議員が菅政権を支持する条件として、福島の子供の健康・命を守る措置をとるべき、と唯一の政策的注文を念押しした。菅総理も前向きに返答したが、マスメディアは何の関心も持たず、政局報道しかされなかった。菅総理も問題の辞任云々はともかくとして、マスコミも何も取り上げないことで高をくくったのか、子供の対策を何ら打つことなく退陣した。原口・川内両議員に対する重大な約束違反である。

将来に禍根を残す子供の被曝

菅総理は、自社さ政権時代に厚生大臣として薬害エイズ事件で名をあげた後に、政治家としての飛躍のキッカケをつかんだ。薬害エイズ事件は、アメリカ等の事例から非加熱製剤の危険を承知しておきながら、日本では禁止せず放置したことから、エイズ患者が広がる原因となった。そして安部英《たけし》医師、厚生省の松村明仁生物製剤課長らが刑事責任を問われた。

原発災害対応では、メルトダウンは早くから予想されたものの、本当のところよくわからないことばかりであり、対応の不備はある程度致し方ないことかもしれない。それに対し、子供の被曝の事実を把握しながら何も手当しないのならば、薬害エイズ事件どころではない大失態となり、今度は逆に菅政権の原発対応担当者も、十数年後に刑事責任を問われることになるかもしれない。皮肉なことである。ところが、このアナロジー（類似性）に気付いている人は少ない。

戦争中の学童疎開もウクライナの原発疎開も、強権発動のできる国家体制だからできたと言い訳する人がいる。今の日本は、強権の代わりに日本人としての「絆」があり、助け合う精神が存在する。全国各地から津波の被災者や原発避難民を受け入れる、という申し出が多数寄せられている。あとは、国の宝の子供たちを守る気概、国家危機管理等、国の意志一つなのだが動かなかった。

事故の態様は異なるが、レベル7という危険度は同じであり、少なくとも子供を守るための対応は、チェルノブイリの25年前と今の福島は同じように対応していかなければならない。

絆を残すために集団移転を急ぐ

こうしたことを考えていると、この人たちを最も明確に救う道は唯一つ、双葉郡あげての集団移転である。

今、放射線量が高い原発の半径3㎞圏の国有化とかが検討中だが、日本もチェルノブイリの対応を学ばなければならない。除染をないがしろにするわけではないが、汚染された場所は捨てるしかない。少なくとも、子供には住めない。早くはっきりと当分は住めないことを伝え、政府は全く同じような社会を、町単位、集落単位で別天地に作ってやる以外ないのではないか。

この点については、川勝平太静岡県知事が、食と農林漁業再生実現会議で「首都機能移転のためにとってである、栃木県の西那須の土地をすべて原発避難民にあて、全く同じような町並みの故郷を作る」というアイデアを披露された。全く同感である。井戸川真隆双葉町長が集団で一定期間移転できる「仮の町」を主張するのは、極めて真っ当なことである。そこで帰還できるまで何十年も待たなければならないからだ。「子供が放射能の影響を受けない場所」に3年以内にという切実な願いも理解できる。

これは県や地方自治体に任せるのではなく、国がプロジェクトとして進めることである。国益

福島県民の県外避難者数推移

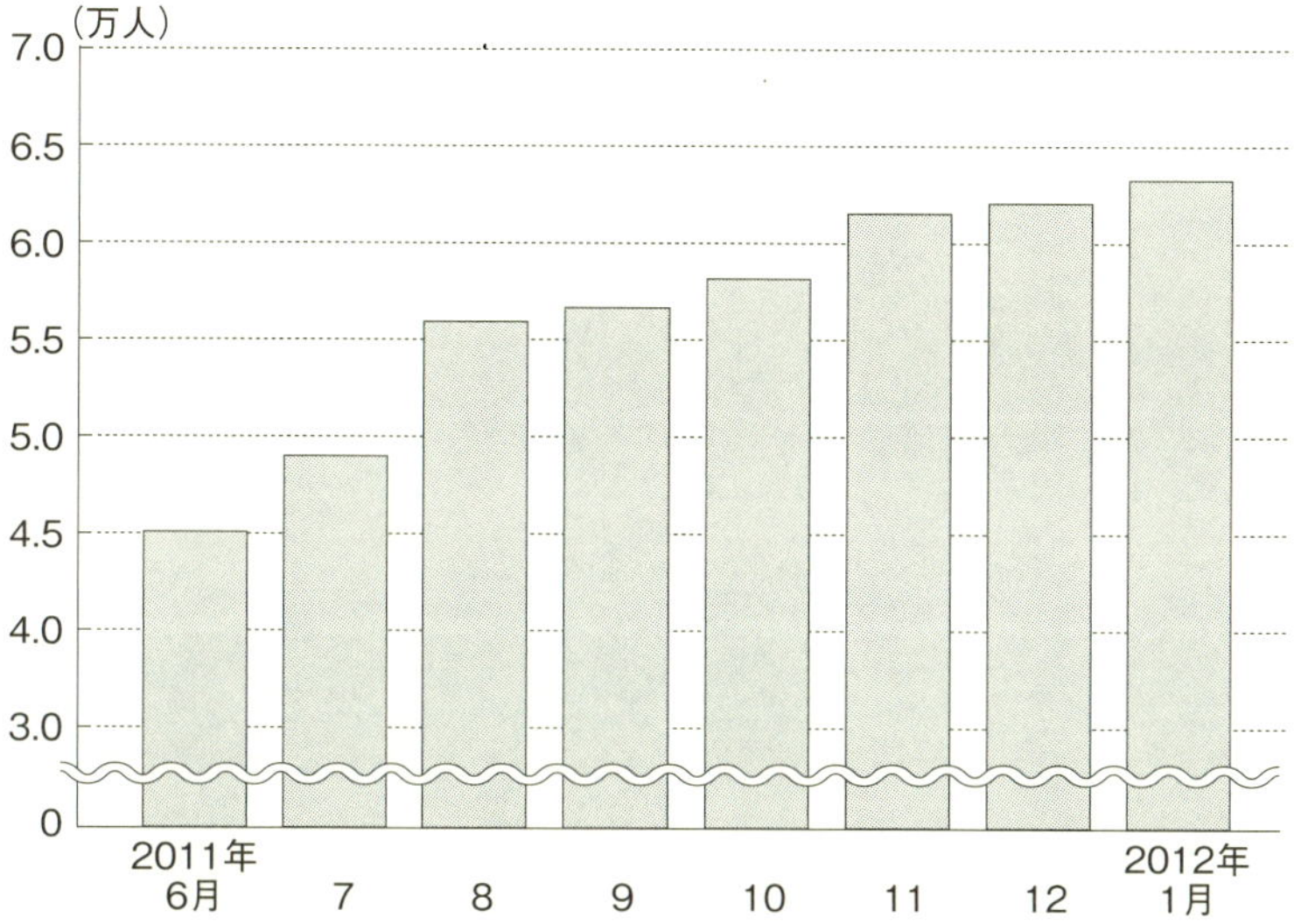

注：福島県調べ

の名のもとに、食料供給や低賃金労働力の供給の場だけではなく、交付金で誘惑し（あるいは騙し）、原発の場として使ってきた。挙句の果てに、そのとてつもないゴミつまり放射能汚染という形で負の遺産を残したことへの罪の償いとして、集団移転への援助は当然のことである。今は中間貯蔵施設で、貯蔵期間は30年だなどと、これまた調子のいいことを言っているが、青森県六ヶ所村の再処理工場と同じく、双葉郡を最終処分場にしなければならないことは目に見えている。井戸川町長が反対するのも一理ある。かといって、ちりぢりバラバラになっていれば、大切な住民の「絆」、連帯感も薄れ、故郷の町や村に戻りたいという意識も薄くなる。いつまでもずるずる先延ばしは許されない。

最近では、集団移転は、三宅島が火山の噴火で、全町民が4年半にわたってあちこちに避難していて、一斉に戻った例がある。古くは、国策の満蒙開拓に、半分以上の集落民が馳せ参じた長野県の大日向村の例がある。やってやれないことはない。

「仮の町」の建設は東電と政府の責務

野田総理が復興・復旧を本当に最優先するなら、TPPなどに血道を上げず、消費増税などにも固執せず、こちらこそ早く決めないとならないことだ。

福島県大熊町は正式に、いわき市に「仮の町」を作りたいという構想を発表した。むべなるかなである。なるべく近くがいいに決まっている。しかし、収容能力からいって無理だろう。しかし、仮の町構想を打ち出した双葉町7140人、大熊町1万1505人、宮岡町1万5830人の3町の人口はせいぜい3万5000人、首都機能移転と比べたらごく僅かであり、要は国のやる気一つである。

たとえ全体での移動ができなかったとしても、浪江町は岩手県の北部、大熊町は栃木県の北部といったそれぞれの市町村の共同体を単位とした分け方もある。しかし、いくら交通が発達しているといっても、隣の町に親戚が多かったりするので、そのままの地域共同体、コミュニティを維持するには、やはり双葉郡こぞって一か所に移転するのが望ましい。

そうは言っても、元の地域から離されても、なるべく近くのいわき市へ移るのかというのもあるので、そこはなかなか難しい。理想としては、地元の周辺のなるべく近いところにそれぞれの人が住み着ければベストであるが、もう原発は金輪際いやでなるべく離れたところがいいという人もおり、ますます難しくなる。ただ、上述の西那須野の新天地に行く人が少なかったら、その街のサイズを小さくして造るなど、コミュニティを崩さないことを基本と考えなければならない。

こだわり過ぎる除染と遅れる人の健康検査

チェルノブイリでも最初のうちは除染が行われた。正確にいうと、除染というよりも、あまりにひどい汚染を地中に埋めざるを得なかったということだろう。それに対して、日本は、福島県の各市町村は熱心に除染に取り組んでいる。その気持ちは痛いほどよくわかる。どうしても故郷を離れたくないという住民の気持ちと、人口の流出、そして自治体の消滅を恐れる市町村が一体となってやっているのである。私が随所で指摘している、住民や子供の被曝調査の遅れも、あまりにひどい結果を嫌がり、わざと遅らせているのかと勘ぐりたくなるぐらいだ。農産物と土壌と空間の線量だけが取り沙汰される。

しかし、測定の遅れはよくない。ホールボディカウンターもなるべく早く大量に取り揃え、納得のいくまで検査測定し、福島の地に残るか、移住するか、いったん移住して戻るか、住民が判断する材料を与えなければならない。それは、国なり東電なりが真っ先にすべき義務である。

数値を示されれば、例えば70歳近い老夫婦は、少しぐらい汚染されていても住み続けるという選択をするだろうし、幼子を抱えた30代の若夫婦は移住を決意するかもしれない。あるいは、50代で中学と高校の二人の子供のいる家庭では、二人の子供を他県の親戚に預け、夫婦は残るといった具合である。国が一刻も早くグランドデザインを示すべきである。

4章

福島とチェルノブイリの原発事故対応比較

原子力ムラはいずこも同じ隠蔽体質

私は、それなりにチェルノブイリ事故のことも知っているほうだと思っていた。農林水産副大臣として、汚染された農作物の出荷制限に取り組んでいる最中にも、すぐにチェルノブイリ原発後の対応が気になった。しかし、検証している余裕などなかった。一息ついた4月下旬、研究者中心にウクライナに出張させ、私も急遽3日間だけだが、チェルノブイリに出向いたのは、2章に述べたとおりである。

そのあとも、原発事故対応だけでも、お茶、牛肉と続き、体を休める間もなかった。しかし、牛肉汚染騒動がひとまず収まったころから、私なりの検証作業に入った。スリーマイル島の事故を受けて書かれ、1980年代に読んだ反原発ものあるいは環境ものの再読であり、次は最近出されたもの、そして、最後が役所の仕事が忙しく読むことのできなかったチェルノブイリものである。そこで、オリガ話の学童疎開等については『ドキュメント　チェルノブイリ』（松岡信夫、緑風出版、1988）、『検証チェルノブイリ刻一刻』（ピアズ・ポール・リード、文藝春秋、1994）や『原発事故を問う―チェルノブイリからもんじゅへ』（七沢潔、岩波新書、1996）等に明確に記されていた。後付けでむさぼるように二十数冊を読破した。今後我が国の対応に参考になることを中心に、私の興味のある部分を拾ってまとめてみた。そして、わかりやすいように福島とチェルノブイリの事故対応の違いを表にしてみた。

レベル7同士の事故対応比較が必要

福島の事故対応について、日本では三つの事故調査組織が動き、国の「東京電力福島原子力発電所における事故調査・検証委員会」（畑村洋一郎委員長）は、既に中間報告をまとめており、民間の「福島原発事故独立検証委員会」（北沢宏一委員長）も、２０１２年２月27日にとりまとめを終えて公表している。国会に設けられた「東京電力福島原子力発電所事故調査委員会」（黒川清委員長）は、今日現在（２０１２年３月１日）４回の議論を行っているところである。いずれも、独自の調査であり、スリーマイル島の事故対応を参考にすることもさることながら、チェルノブイリの事故対応と比べるというようなことが行われている気配がない。

しかし、レベル７という惨事という点では共通であり、じっくりと比較検証してみる必要がある。

我々は過去の記録なり、歴史に学ばなければならない。前の1～3章は、私のかかわったことを中心にまとめたが、この章は専ら書物からチェルノブイリの事故対応を学び、それを福島の対応と比べてまとめてみることにした。もちろん、この分野は私の専門分野ではないし批判もあろう。拙い分析と思われることも承知している。

福島とチェルノブイリの事故対応比較

	福　　島	チェルノブイリ
原発事故	・3/12レベル4→3/18レベル5→4/12レベル7（震度7、マグニチュード9.0の地震、津波） ・沸騰型加圧水炉 ・運転中3基、点検中1基（6基中） ・緊急炉心冷却装置機能せず、炉心溶融、水素爆発による拡散（水蒸気爆発は起きていない） ・放射性物質77万テラベクレルを大気放出 ・セシウム放出1万1000テラベクレル ・太平洋に1京5000兆ベクレル ・水素爆発（1号機3/12　13時、3号機3/14　11時、4号機　3/15）	・レベル7 ・黒鉛減速チャンネル型炉（RBMK炉） ・4機中1機が実験中（cf.スリーマイルも1基のみ） ・水蒸気爆発 ・放射性物質520万ベクレルを大気放出（7倍）10日間続く ウクライナ（2004）：小児甲状腺癌4400人、被曝者320万人、230万人（児童40万人）が政府の保護観察下 ロシア（2005）：145万人、18歳以下22.6万人、身障者4.6万人 3ヶ国計（2006）：700万人
事故の公表	・公表は速やか。3/12　20：32菅総理、国民へのメッセージ ・炉心溶融（メルトダウン）を公表せず、炉心溶融とは言わず2か月後（5/12）に公表 ・それどころかSpeediの内容は国民より米軍（3/14）に早く提供 ・TV・インターネットで世界に知れる	・2日後ゴルバチョフはすぐ公表しようとしたが2人の政治局員しか賛成せず ・4/29事故があったことを発表 ・5/14（5週間後）にゴルバチョフが表明するまでほとんど詳細は知られず ・ウクライナ共和国の幹部は情報知らされず
原発周辺の避難対応	・3/11 21:23、3km内に避難、10km屋内退避指示 ・3/12 5:44、10km内に避難指示 ・3/12 18:25、20km内避難指示 ・3/15 11:00 20～30km圏の屋内退避 ・バス100台貸し切るも、行き渡らず、割り振りもスムーズに行われず ・自治体はTVで政府の避難指示を知る ・逃げるだけで詳細な指示なし ・飯舘村は4/22に計画的避地域に指定　1か月以内の退避を求める（3/30　5月ＩＡＥＡ警告） ・8万5000人が避難、避難区域1100k㎡、実際は倍以上（cf.スリーマイル：10万人の避難は事故3日目）	・シチェルピナ副首相が決定し、ピリピャチは36時間後の4/27午後、5万人（うち子ども1.7万人）、バスに乗ったのは2.1万人のみ、他は先に脱出 ・5/2立ち退きの出費と残留の放射線障害を比較、ルイシコフ首相は、30㎞以内全員避難を決定 13万5000人子供妊婦優先 ・ベラルーシも何日もあと2.6万人避難 ・他のホットスポットは1～2年後 ・合計40万人避難、避難区域1万300k㎡ ・集団パニックを避けるため、軍警官にマスクをつけさせず ・子供をもつ親、若い男女は早く脱出、老人はとどまる
政府の国民への注意喚起	・4/1現在　16万人が自宅を離れて暮らす ・枝野官房長官は「ただちに人体に影響を及ぼすものではない」ばかり	・ロマネンコ保健相：子供は外で長く遊ばせない、ほこりっぽい所で遊ばない「ただちに人体に影響なし」
汚染地図、区域	・Speediがすぐできていたが避難等に使わず ・河野太郎・長瀧重信が公開を要求したが無視 ・3/23一部公開、全容公開は5/2 ・8月に土壌汚染地図　除染に熱心に取り組む	・5/1には汚染地図ができあがり、それをもとに避難地域を設定する ・ただし、公表は89年（3年後） ・3.7万Bq/㎡以上が14万5000k㎡（日本の18倍） ・3万Bq/㎡が8000k㎡ ・除染はせず
事故直後の現場の対応の中心組織	・3/11　4時間後の19：301、北沢防衛相、原子力災害派遣命令 ・3/11 23時,自衛隊8000人、3/12 7:30 2万人に増員 ・3/12 20:00,首相指示で10万人に増員 ・3/13 10万人態勢準備（防衛空白） ・3/18 東京消防庁に菅総理からも出動要請：140人の消防による放水 ・菅総理・北沢防衛相の個人的信頼関係が働く	・近隣から直ちに消防車到着（10分） その他キエフから81台　33人の消防士が死亡 ・核戦争による汚染に備えた軍 ・ヘリコプターで砂や鉛を運ぶ計画あり ・翌27日ピカロフ大将がアフガンから到着 ・アフガンからの帰還兵士等26万人 ・ピカロフ大将は被曝量が最も多い1人 ・29日からピカロフの指示でヘリで線量測定、地上の100倍の線量とわかる

	福　　　島	チェルノブイリ
原発事故作業者	・東電の下請けの作業員、正社員少ない ・2242人の作業員のうち1300人と連絡取れず ・暴力団が間に入ってピンハネ ・6割は地元出身	・中心は軍隊 ・全国から動員　各地からの消防隊 ・専門の消防隊 ・エストニア人予備兵は6ヵ月除染作業を強要される ・60万人が従事
事故直後の作業	・放水により燃料プール等を冷却 ・3/12, 23：50冷却装置が働いていないことに気付くが何もできず ・3/12, 10:17、1号機ベント ・危険場所には近づかず、内部は内視鏡で見るだけ ・まだ中がどうなっているのかわからず ・緊急作業時の被曝線量を100mSv→250に引上げ	・ヘリコプターから重層、粘土、ホウ素、ドロマイトなど5000ｔを投下し、炉心上部をふさぐ ・低温の窒素注入 ・短時間で被曝量を低く抑えながら、人海戦術（カミカゼ作戦と呼ばれる）1度2分間 ・26kgの防護服を着てゴキブリ部隊とあだ名される
原発現場の責任者	・3/15東電は50人ほど残して現場から撤退したいと政府に告げるが、菅総理は清水東電社長に撤退ありえずと通告。この件は、事実不明 ・吉田所長以下現場は危機を認識、本部に従わず ・運転員の理解が低い（1号機の非常用復水器の作動をよく知らず、3号機の高圧水素を無断で停止） ・保安院は情報取集もできず何の役割も果たさず。現場の検査官も何もせず	・所長以下担当、消防士等が必死の消火作業等を行う。死後、国民的英雄 ・事故を起こした原発職員は国賊 ・６人の作業員も知識がそれほどない
政府の責任者の対応	・3/11,19：03菅総理、原子力緊急事態宣言、原災本部設置 ・政府と東電の連携不足 ・原子力安全・保安院、情報収集も連絡役も何にも動かず ・3/12,6:15菅総理ヘリで上空から視察、現場に乗り込む ・3/15オフサイトセンターを大熊町から福島市に移す ・官邸危機管理センター機能せず、一部の東電幹部の情報のみ参考（斑目委員長、武黒フェロー（東電）、平岡保安院次長） ・3/16小佐古助言チーム（～4/29退任） ・議事録なし（cf.米、10日間で3000頁の議事録）	・ルイシコフ首相。シチェルビナ副首相（エネルギー担当）27日キエフへ ・ルイシコフ首相、リガチョフ第一書記ともチェルノブイリ入り、滞在 ・シチェルビナとレガソフが上空から視察 ・大量の放射線を浴びたので、5/1次の副首相シラーコフに交代、レガソフもヴェリホフに交代 ・プリピャチ（5km）に司令塔、副首相が指揮 ・現地の政府委員会の出席者が被曝で声がかれ、同志的対応が可能となる
原発関係者の責任の取り方	・東電社長の交代 ・関係閣僚は誰も責任とらず ・原子力保安院・原子力安全委員会がほとんど働かず ・誰も退任せず	・アレクサンドロフ顧問は首脳と直結 ・レガソフ・クルチャトフ原子力研究副所長自殺 ・87年7月関係省庁のトップ4人を解任 他数人を党から除名
専門家の対応（科学者）	・今中哲二、小出裕章、木村真三、岡野真治等は現場に直行、現地で調査 ・原発推進の学者・専門家はTVの御用解説のみで現場に赴かず ・政府は専門家を現場でも政府部門でもあまり活用せず ・3月の途中から内閣参与5人（小佐古教授途中辞任） ・保安院にも専門家少ない ・ほとんど反省の言葉聞かれず ・日本原子力研究開発機構の研究者、収束作業に姿見えず	・レガソフ（原子物理学を知り、対応指揮もできる）が陣頭指揮、２年後自殺 ・イリイン（放射線衛生学）、イズラエリ（水文気象学）の両博士他専門家が次々に現地入り ・軍の核専門家集団を総動員 ・ピカロフ大将（陸軍化学戦部門司令官）27日ヘリでチェルノブイリへ行き、上空周回し調査 ・原発設計者（カルーギン）は避難する農民を見て、原発は間違っていたと反省

	福　　島	チェルノブイリ
医学的対応	・原子力安全委が15日、入院患者の避難時に投与すべしと助言したが、ファックス放置で実行されず ・ヨード剤を用意していたが飲ませず。三春町だけが町長の判断で飲ます ・野菜、牛の検査するが、人間の検査おろそか ・放射線医学者は常に緩い基準(例：20mSv/年)を押し通す ・子供の追跡無理判断は却下(有利)	・2000人の軍医、衛生兵を動員 ・ヨード剤、不十分で利用せず ・ウオッカがきくとデマが広まる ・事故の後遺症ではっきりしないのは低血圧とする ・イリイン、放射能恐怖症(あらゆることを放射能のせいにする) ・5800人の子供、7000人の成人が甲状腺癌。今、成人の甲状腺癌が増えつつある （チェルノブイリの癌死は、第2次世界大戦の戦死より多い。ヨーロッパ、ロシアで3万人の癌死予測)
被災者救援	・東電、政府の補償が進まず、遅い ・定住先も決まらず ・仮の町の要請あるが、政府対応せず	・チェルノブイリ同盟(民間の救済団体) ・僅かの棺桶代(住んでいた人)と移転費(避難民) ・アパートを割り当てる(ex.ナロージチの住民950戸、近くは60km離れた所、遠くはオデッサ)
家畜の扱い	・家畜は同行避難できず、多くが餓死 ・後に屠殺承諾書を畜産農家に出させて屠殺 ・30km圏外もそのままで牛肉汚染につながる ・犬猫のペットも大半は置いてきぼり	・農民が家畜の放棄を拒否、避難が遅れる ・5/3　30km圏に家畜移動車が集められ、牛と豚は農家と一緒に移動(ウクライナ8.6万頭、ベラルーシ3.6万頭)、羊、がちょう等は放棄 ・汚染されない草で体内放射能が下がる ・飼料不足で多くが屠殺され埋められる ・奇形の豚・馬
農作物の出荷制限（食品汚染対応)	・30ｋｍ圏は全面出荷停止 ・3/21　500Bq/kg以上は出荷制限 ・サンプル検査した後、県ごとに出荷制限 ・検査結果を直ちに公表 ・枝野官房長官が直ちに健康に影響なし　と繰り返し発言 ・12年4/1に100Bq/kg、乳児用50Bq/kg、水10Bq/kg ・住民、公共建築物を水で何度も洗浄 ・土壌は厚さ数cm分削り取り、ヘリコプターから散布されたポリマーの被膜とともに地中深く埋められる	・指針もなく、住民が牛乳飲まず、カルシウム不足 ・ヨウ素はヨード剤が間に合わず ・牛乳を販売禁止にしたが、農民は飲んでしまう ・野菜も禁止したが、しり抜け、30％不合格。ジャガイモだけすべて合格 ・とりあえず、相当な範囲を出荷停止 ・全量国が買い上げ、出荷できるもの(加工品に回す)と廃棄するものに分ける ・放射線値は秘密で、国民には3年後以降明らかにされる ・線量計足りず ・ヨウ素汚染肉は貯蔵で半減を待つ ・セシウム汚染肉は汚染のない肉を混ぜソーセージにして出回る(大衆には知らせず、少量だから体に害なし)
農作業	・米をもとに5000Bq/kg以上汚染された地域で作付中止 ・住めない区域と農作業できない区域がほぼ一致 ・69万Bq/kgの稲わら汚染も畜産農家の検査せず	・粉塵の吸引を防ぐため、ほこりを立てないように液体プラスチックを農道にまく ・防護ガラスのあるトラクターを政府から与える
事故調査委	・政府の事故調査・検証委員会（畑村洋太郎委員長、11年12月中間報告、12年7月最終報告、政府関係調査進まず) ・国会の事故調査委員会（黒川清委員長）は異例、強制力あり ・民間の事故独立検証委員会（北沢宏一委員長、12年2/28公表)、東電調査応じず	・シチェルビナ副首相を議長とする政府調査委員会が直ちにできる[２カ月徹底的に議論] ・中規模機械製作省（秘密機関）対電力電化省(→中規模機械製作省が消滅し、原子力発電・産業省の管轄下になる) ・91年１月シュタインベルク委員長のもと報告
事故原因	・1000年に一度の13.1ｍの津波　(地震ではないと主張し続ける政府・東電) ・地震学者、その他反原発の学者等は、地震で配管破損説	・6つの運転規則違反という人的ミス （3日後の結論) ・1991年シュタインベルク報告、原発特に制御棒の構造的欠陥。安全仕様がしっかりしていたら事故にならず、1週間の停止で済んだ。運転員の違反は事故には無関係

4章　福島とチェルノブイリの原発事故対応比較

	福　　島	チェルノブイリ
裁判	・安全対策を怠ったのは明白だが追求せず ・大事故も津波のせいとして、人的ミスはあげつげらず （10年後に政府担当者が刑事裁判の対象？）	・4/27（事故の翌日）からウクライナ共和国検察官の捜査開始） ・1987年7月刑事裁判ブリュハノフ所長、ジャトロフ副技師長以下6名有罪、10年の刑 ・ソ連なくなり汚名晴らせず
他の原発国の対応	・国民の質が高い日本で事故、言い訳できず ・独、伊、スイスは脱原発へ ・一部のＬＤＣも原発輸入を取りやめ（クウェート、インドネシア、マレーシア等）	・ソ連の原子炉と自国の原子炉の違いを強調し、自国は安全と説明 ・ソ連だから事故が起きたと説明 ・1988年9月、リトアニア、イグナリーナ原発で2000人反対デモ、10月20万人デモ
IAEA	・3/30、飯舘村の住民避難を勧告 ・4/4、ウィーンで緊急報告会、事務方が報告 ・5/24～6/2調査団を受け入れ ・6/7、政府が事故報告書提出 ・6/17、調査団が報告書をまとめ各国に配布 ・6/20、閣僚級会議で天野事務局長が5項目提案	・５月、フリックス事務総長がソ連訪問 ・ウィーンで検討会議（86年8/25）、各国の政府代表の他、何千人という報道陣が集まる ・レガソフが5時間説明 ・きちんとした調査せず ・ソ連・アメリカ・IAEAは利害が一致→事故を小さく見せる ・国際原子力安全諮問グループ報告（86年9月）
国際政治への影響	・2012年3/26、27　ソウル核安全保障サミットで全く存在感示せず	・86年5/5東京サミット ・86年10月　レイキャビクでレーガンとゴルバチョフが会談 ・87年中距離核戦力全廃条約→米ソ蜜月時代
外国人（留学生）の対応	・3/12、NRCの進言により、50マイル（80㎞）内に退避勧告を検討 ・米は、チャーター機で米軍、東京在住者9万人の避難を検討するも実施せず ・仏・米等は大使館からの指示で、日本を離れたり、東京を離れる ・独は大使館を大阪に移す	・米大使館　キエフ在住全員直ちに避難 ・英　キエフの留学生、在住者30人とミンスクの30人避難 ・外国人留学生、ビジネスマンはキエフをメーデー休暇中に脱出
外国の救援	・米側の申し出を断る ・米軍のトモダチ作戦（２隻の空母、100人の放射能専門部隊	・ハマー・オクシデンタル石油会長の申し出で骨髄移植の専門家ゲイル博士が患者を診察 ・ハマーとゲイルをゴルバチョフが迎える
外国の放射能汚染	・海洋汚染　4/4汚染水を海に放出、世界から批判される	・サミ（スウェーデン北部）のトナカイ食べられず ・西独5000ｔもの粉ミルク汚染
その後の原発建設、稼働	・5/6浜岡原発停止、18mの防波堤を建設 ・EUの真似をしてストレステストの導入（電力会社→保安院→原子力安全委員会→首相＋３閣僚） ・政府は再稼働を急ぐ ・原発輸出のため原子力協定を結ぶも民主党から良心的棄権多数 ・2012年5月、移動原発ゼロの見込み ・交付金の入る地元は受け入れ、それ以外は拒否	・リガチョフ第一書記が4号機の建設を命ずるもピカロフが7年は除染が必要と拒否 ・1、2号機は当初そのまま稼働、３号機は停止 ・グラスノダールでは、地震に注目、建設中止 ・1993年チェルノブイリ3号機が稼働

（篠原作成）

原発事故の客観的にみた原因と対応等、専門知識を要する部分はあまり触れないことにする。私の理解が生半可で、読者に誤解を与えてはならないからである。

慌てられない軍事大国ソ連の事情

1986年4月25日（金）に悲劇は始まる。

チェルノブイリ原発4号炉で、外部電源が喪失した場合に備えて、「慣性運転」という安全を確保するための実験をすることになっていた。四半世紀前にソ連でも「リスク管理」「危機管理」の考え方は存在した。そして、外部電源喪失に備えて訓練をしていたのである。

福島原発は、津波で冷却装置が働かなくなり、電源喪失が起こり大事故につながった。度重なる反原発学者や地震学者の忠告・警告にもかかわらず、満足な準備や訓練が行われなかった。

チェルノブイリは違う型の黒鉛減速軽水冷却沸騰水型炉（RBMK炉）原発だったが、緊急停止しても核燃料は、ものすごい熱を出し続けるため、その熱を取らないと炉心部が溶け、その塊が炉の底を貫き……と大事故が起こるからである。事故はこの実験にミスが重なり、うまくいかなかったことにより生じている。水蒸気爆発が起こり、その後、原子炉暴走による大爆発が起こる。黒鉛ブロックと燃料棒から出た物質が大気中に流出し、汚染が広まった。火災は鎮火するまで2週間かかった。

4月28日（月）、クレムリンでは、現地に設けられた、シチェルビナ副首相を議長とする、政府委員会への報告が入るに従い、事故の重大さが判明してきた。ソ連もアメリカも同じであるが、特にソ連は慣習として、原子力災害は報告せず秘密裏に処理してきた。一部では、この前にソ連は核爆発等の事故を起こしたものの内外に秘密にしていると、まことしやかに言われている。核事故は特に軍事強大国では国家機密となる。日本の東電等の事故隠しも、程度の差はあれ似た性質のものかもしれない。

隠蔽体質は共産主義国家ソ連も民主主義国家日本も共通

日本は、事故自体はすぐ公表している。当然のことである。

ゴルバチョフ書記長は、グラスノスチ（情報公開）の原則に従って、二日後には事実を明らかにすべく公表することを主張した。しかし、ライバルのリガチョフ政治局員（ゴルバチョフに次ぐ書記）は何も言わないことを主張し、ゴルバチョフには二人の政治局員しか同意しなかった。核がらみの事故ということで、いつものように秘密にされた。よく知られていないが、アメリカのほうが情報隠蔽ではひどく、スリーマイル島の原発事故で政府が上院に報告したのは10日後であり、IAEAには2か月後に報告した。

5月2日、ルイシコフ首相やリガチョフ政治局員（ゴルバチョフに次ぐ書記）が現地入りした。5月3日ハンブルグ入りしていたエリツィンモスクワ党第一書記は、西側の誇大宣伝（死者が数千人）に反論していた。しかし、5月6日、事故の影響を隠すため対策を講じたことを述べ、放射線量についても楽観的なトーンで伝えた。

ソ連政府がきちんと事故を公表したのは、5週間後の5月14日のことであった。しかし、世界は、スウェーデンのフォルスマスク原発が線量の増大をキャッチし、重大な事故が発生したことを知ることになった。大爆発があり、線量計は騙せなかった。

ただ、日本も隠し事を多くしていた。3月12日15時26分に最初の爆発が1号機で起こったが、枝野官房長官は「爆発的事象」と言い、テレビでは嘘ばかりついていた東大教授は、外壁がはがれただけで、メルトダウン（炉心溶融）はしていないと解説した。

そして、そのメルトダウンを避けるため注水しなくてはならないと繰り返し、自衛隊や消防隊が駆り出されていた。政府、東電は事故をなるべく小さく見せようとして、最初はレベル4、3月18日にレベル5、そして4月12日にはとうとうレベル7まで引き上げた。チェルノブイリは1基の大爆発、それに対し福島は大爆発はないものの、3基ともおかしくなっており、最初からレベル7が予想された。それをメルトダウンが明らかになりつつあり、ごまかしがきかなくなり、レベル7とせざるを得なくなったのだろう。

専門家の間では早くから、1号機にメルトダウンが起こっていると再三指摘されていた。にもかかわらず、それを認めて公表したのは5月12日のことであった。5月24日には、2、3号機もメルトダウンしていたと発表した。実際は事故直後の6～15時間後には既に起きていたのである。その意味では隠蔽体質は共通である。避難をスムーズに行うためには、ある程度の意図的な公表も許されるが、日本のメルトダウン公表は、原発関係者、もっといえば原子力ムラに対する日本国民の不信を増大させただけである。メルトダウンがわかっていたら、住民はもっと迅速に余計な放射能を浴びずに避難できたのだ。それを東電、政府の嘘により被曝量が増えてしまっている。許されない隠蔽である。

嘘が逆に国民の不信を拡大

枝野官房長官も哀れだった。通常の政治的なことなら早口でペラペラ喋りまくるが、このときはゆっくり原稿を読んでいただけだった。それはそうである。まず基礎的知識がほとんどなく、危機対応の準備がからきしできていないため、情報は錯綜していたはずだ。もう一人、よく経産省の記者会見に出ていた西山英彦審議官は、直前までTPPの担当で、私もよく見かけていたが、突然原発事故の広報官になっていた。プロとは程遠いことを知っていたので、私は、とてもその会見を信用できなかった。

こういうときは、原子力の専門家でわかりやすく話のできる人に説明してもらう以外にない。欧米、特にアメリカではテレビニュースのコメンテーターは相当専門分野に分かれて確保され、常にその担当がその分野の解説をしている。国民もいつものプロが説明していることで安心することにつながる。全く素人の官房長官や口先だけの行政官では無理である。

日本人は便利な生活に慣れきってしまったのだろう。原発事故直後の世論調査では、東京で地下鉄や電車が止まったせいもあろうが、「原発維持」が半数を超え「やめるべき」を上回っていた。ところが、事故後数か月、原子力ムラの学者や政府メディアの対応をしっかり見抜いた国民は、原発廃止が大幅に増え、今や完全に逆転している。あまりにも嘘が多かったため、墓穴を掘ってしまったのである。

私の経験では、イギリスのBSEについて同じことが起こったことを記憶している。イギリスでは、人間には影響ないと言い続け、マギー農漁相が孫を連れて牛肉を食べては安全性をアピールしたが、その直後人間にも新型クロイツフェルト・ヤコブ病が発症することがわかり、国民の科学への不信は一挙に高まった。その延長でイギリスはGMO（遺伝子組み換え食品）に世界で最も強烈なNOを示している。日英とも度重なる嘘が、国民の目を覚まさせたのである。

世界への説明の下手な日本

国際的な公表という点では、日本はソ連より大きく劣っている。事故4か月後の1986年8月25日IAEAの会議（ウィーン）で、ソ連における原子力権威であるレガソフ（クルチャートフ研究所副所長）が5時間にわたり、事故の詳細を報告し、各国の質問に答えている。事故の原因等を隠さず、世界に示すソ連の姿勢は歓迎された。

それに対し、2章で述べたとおり、2011年4月28日のチェルノブイリ原発事故25周年祈念式典では、外務副大臣が、あいさつを読み上げただけである。今や、チェルノブイリ、フクシマと並び称されるようになっているのに、日本が福島原発事故を世界に報告する絶好の場を有効活用しなかった。明らかに外交上の失敗である。ところが、1年後の2012年3月26、27日と2日間にわたってソウルで開催された核安全保障サミットでも、56を超える首脳が参加しているというのに、野田総理は何の存在感も示せず、そそくさと帰国している。

一国を破壊しかねない核テロによる原発災害防止こそ、世界が注目していたはずである。民主党内の消費増税論議の最終局面と重なったという言い訳が聞こえてくるが、絶好の外交の機会を逃してしまった。菅、野田と二代続いてTPPといい、原発関連外交といい、同じ間違いを繰り返している。

IAEAにおいては、2011年4月4日に原子力安全条約再検討会議の開催に合わせて開いた福島第一原発事故に関する緊急報告会で、日本政府の事務方が加盟国に対して現状を説明している。また、6月7日には、日本政府からIAEAに報告書を提出し、17日、IAEAからの調査団が報告書をまとめて加盟国に配布している。6月20日開催のIAEA閣僚級会議には海江田経産相が出席して演説しているが、もっと、きちんと世界に公表し、説明していくことを考えなければならない。

ソ連も日本も住民の防護に真剣に取り組む

汚染地図の公表は日本が先、役立てたのはソ連

日本では、折角できあがっていた緊急時迅速放射能影響予測ネットワークシステム、スピーディ（Speedi）による放射能汚染地図が、避難等に有効に活用されていなかったことが問題になっている。政府は、不確実な予測により混乱を招くとして一部しか結果を公表しなかった。

河野太郎衆議院議員と長瀧重信長崎大名誉教授が公開せよと迫っている。さすがプロの政治家と学者である。国民には開示されないなか、米軍には早くから情報提供されていた。スピーディでみればすぐわかることなのに、飯舘村が雨と風の具合で、相当高濃度に汚染されたにもかかわらず、長らく放っておかれた。3月16日、スピーディが文科省から原子力安全委員会に一方的に移管されていた。責任逃れである。

ＩＡＥＡがかなり早い段階から、飯舘村は線量が高く、避難しなければいけないと警告を発していたが、政府が避難勧告を伝えたのは、4月22日と1か月半もたっていた。逆に、スピーディによると、海岸線の町はそれほど汚染されていないにもかかわらず、汚染度の高い飯舘村方面に

避難していたということも後々発覚した。

チェルノブイリでは、5月1日に汚染地図ができあがっており、それをもとに避難区域を設定している。チェルノブイリのほうがきちんと活動に役立てていた。当然のことである。真っ先に使われるべきは避難区域の設定だからだ。しかし、この地図が一般公開されたのは3年後であり、やはり共産圏の対応である。

私が2012年4月にチェルノブイリを訪問したときには、セシウム、ストロンチウム、アメルシウムの明瞭な1986年5月当時の土壌汚染地図が渡された。科学者は、ソ連のもとで作成し、それがウクライナにも引き継がれている。土壌や放射能の専門家が国家体制は変われど、きちんと責任を果たしているのである。

国民への注意喚起

チェルノブイリの原発事故は、5月には国民には周知の事実となった。ウクライナ政府のロマネンコ保健相は、衣服を洗い、シャワーを浴びろと呼びかけている。そして、25万人の子供にキエフ脱出を呼びかけている。それも事故後すぐにではなく、夏休みを利用して5月15日に早めにとるという触れ込みだった。パニックが起きないように気を遣ったのである。ソ連でもウクライナでも日本と同じで、多かれ少なかれ、原発は安全だから住民も安全だと信じられてきたのである。ソ連の原発の父クリチャートフやその弟子のアレクサンドロフが安全だといえばそれに従うしかなかった。従って、当局もあからさまに避難をいえなかった。特に、ソ連では原発こそ科学技術の最先端をいっていると自信に満ちていた。

日本では放射能汚染に対する明確な注意事項の発表があったのだろうか。私には、枝野官房長官が「直ちに人体、健康に影響を及ぼすことはない」と、こればかりを連呼していた記憶しか残っていない。

政府の住民に対する避難指示は日本が迅速

チェルノブイリでは、従業員の住む5万人都市プリピャチは、36時間後の4月27日午後、バス1200台に分乗して避難させた。動員された警官等も数千人に及び、やはり組織的に避難した。ただ、ことの重大性はそれほど知らされず、2~3日だけであり、荷物は必要なもの最小限とのことだったが、二度と戻ることはなかった。

また、30km以内の農村は、5月2日以降で13万5000人が少人数で少しずつ避難した。日本とは異なり、家畜運搬車が国内から集められ、家畜も一緒に避難している。これはウクライナのことであり、実質的にはもっと汚染がひどいベラルーシは、5月中旬以降であり、その他のホットスポット（飯舘村のような地区）は、1~2年後となってしまった。

福島では事情がわからなかったこともあり、五月雨《さみだれ》式の避難指示だった。3km以内は3月11日午後10時27分、3月12日の午前は10km以内、午後になると20km以内に避難指示が出ている。交通の混雑を考えたら妥当といえる。

しかし、3月15日の20～30㎞内への自主的避難要請、屋内退避は、汚染度合いも何もよくわからないのに、国民に判断しろというのはいい加減すぎる。共産圏諸国でなくても、避難指示は、おしなべて強制であるべきである。

日本では、家畜やペットについては、避難先で収容できないため捨てておかれてしまった。そのため豚は食べ物がなく餓死。スタンチョン方式と呼ばれ、首がつながれたままの乳牛は、やはり身動きがとれず餓死している。非情というしかない。すぐ逃げろという指示であり、畜産農家は手の打ちようがなかった。一部の肥育牛は草を食べて生きられるので、今も自由に飛び回っている。これを殺処分すべく、持ち主の承諾書を集めているが、嫌だという人が多いという。理解できる心情である。ペットは、動物愛護団体や14自治体が立ち入り禁止区域内に入って救助したいと申し出て、2011年末で暫定仮設の施設で961匹が飼われていた。飼い主の所に戻れたのは、約4分の1に当たる245匹にとどまっている。

ソ連では、人間だけの避難を指示したが、農民はこれを聞き入れず、避難が遅れている。1章で述べたとおり、家畜を連れての大脱出だった。これと比べると、日本では畜産の歴史が短いからだろうか、西洋より動物ないし家畜に冷たい面もある。

専門家集団が現地に集結するソ連、準備・訓練不足の日本

訓練を積んだ軍と一般作業員の差

チェルノブイリの事故の収束対応は、核戦争に備えて訓練を積んだ軍が第一線に立った。事故翌日の4月27日には、ピカロフ大将がアフガニスタンから到着した。アフガン帰還兵士が中心になり、原発の頭部にできた穴を５０００ｔの砂、鉄等でふさぐ作業や消火活動が続けられていた。また共産主義国家であり、全国に動員がかかり、近隣から消防車が81台も結集した。中には実際には強制されたものの、当局により英雄に仕立て上げられたエストニア人予備兵もいた。

日本では、基本的に東電が当たり、その要請により自衛隊や消防隊が援軍したが、ソ連のような訓練された核の専門家ではなかった。陸上自衛隊にも核兵器等による攻撃を受けた場合に対応する中央特殊武器防護隊（約５００人）がいるが、本来、人命救助や放射能汚染の除去である。そして重要なことは、実際の作業に東電の社員が当たることは少なく、大半が子会社や孫請け会社の作業員が中心であった。つまり、原発についての知識もなく、訓練も積んでいない人たちが危険な業務につかされている。被曝の危険に怯えながら復旧に尽くしている作業員には頭が下が

るばかりだ。

もともとの従業員は6割が地元の者であるが、避難してしまった者もおり、収束作業は各地から集められた作業員が多い。ずさんな管理態勢のため、事故の復旧作業に携わった作業員のうち、東電や下請けと連絡がとれず所在不明になっている者が多数おり、内部被曝の測定や追跡調査ができずにいる。原発作業員の身元確認制度がないのは、主要国で日本だけというお粗末な体制である。

暴力団がからんでいるという報道もあり、元々の危険手当は高くても、ピンハネが多いだろうし、作業員の被曝量の管理や今後の健康への影響が懸念される。

作業員の被曝線量は、年間50ｍSv、5年間で100ｍSvと決められており、それを超えると働けなくなる。ウクライナでは30㎞圏内の立ち入り禁止区域で働く作業員は、月の半分しか働けないのと同じである。最前線で働く作業員の健康管理への配慮が必要である。

現場に赴くソ連の原発専門家、どこにいるのかわからない日本の原発学者

専門家の対応の差が一番際だっている。後述するレガソフ・クリチャートフ研究所副所長をはじめソ連の原発の専門家、イリイン医学アカデミー副総裁、イズラエリ旧ソ連の国家気象環境監視委員会議長等の放射線の専門家等が現地に結集し、プリピャチの本部で熱心な対策を検討している。

いずれも放射能汚染を知りつつ現場に出向いている。副首相が議長の事故調査委員会は、議長の被曝量が多くなることから、シチェルビナから何人もが交代している。現場で皆が放射能を浴び、声がしわがれ声になり、お互いに苦笑いしながら議論したという。あっぱれである。

ソ連の原発は、国の管理のせいかもしれないが、現場の担当者にばかり任せることなく、一流の学者が現地入りし、陣頭指揮しながら収束のために奮闘している。それに対し、我が日本国の原子力ムラの専門家は、関村直人東大教授に見られるとおり「原発絶対安全神話」が瓦解したにもかかわらず、東京のテレビ番組で解説者として、まだ心配ないと解説していたぐらいで、ほとんど反省の言葉すら聞かれなかった。悲しいかな、かつての動燃から始まる原子力ムラの学者、研究者、技術者（日本原子力研究開発機構）の中から、現地に直行し、事態の収拾に尽力したものを、私は寡聞にして知らない。東電がすべて自分でやると拒否しているのかもしれないが、プロの存在が見えてこない。官邸に原発のような危機に直面する科学技術について、助言できる者が必要である。

ソ連では、アレクサンドロフ・クリチャートフ研究所長はゴルバチョフにいつでも会える立場にいた。日本は菅総理が思いつきで御用学者の一部を急遽6人も内閣参与に任命したが、どれだけ役立ったか不明である。

日本にいた男気のある技術者・研究者

現地に入り、真摯な反省を口にするのは、原子力ムラとはかけ離れたところにいる人々である。厚労省労働安全衛生総合研究所の木村真三研究員は、現地調査に行こうとしたところ、勝手な調査行動は慎むようにと止められたので、辞表を書いて福島で線量を計測した。放射能の汚染状況を明らかにするために、自分も被曝する危険をおかして行動したのである。熊取六人衆などと揶揄されながらずっと原発の危険性を指摘し続けた、小出裕章（京都大学原子炉実験所助教）は、それでも原発の事故が防げなかったと反省の弁を述べている。

そうしたなか、元住友金属工業の技術者山田恭輝（72歳）が「福島原発暴発阻止行動プロジェクト」を立ち上げ、60歳以上の技術者により収束作業をする、いわば「シニア決死隊」を結成したのが、ホッとするできごとである。年齢の問題はあるが、放射能で汚染された環境下では俄か仕立ての寄せ集め作業員では無理であり、熟練者が必要である。チェルノブイリでは核戦争に備えて訓練された軍人が中心だったのであり、日本もプロに取り組んでもらわないとうまくいくはずがない。

菅総理の現場陣頭指揮については、後解釈で民間事故調では評価される一方、官僚レベルでは嫌がられるなど賛否両論あるが、菅総理は、原子力ムラに学者なり担当がこれだけの緊急時に、しかるべき対応をしていないことを補おうとしていたともいえ、後解釈の批判は当たらない。つまり、原発を推進した日本の学者・研究者は、ほとんど事故対応に拱手傍観《きょうしゅ》していただけで、何の責任も果たしていない。まことに恥ずべきことである。原発絶対安全神話を唱導してきた学者は、論理が破綻したのであり、退場していただく以外にない。

チェルノブイリと違うと言い訳していた原子力ムラ

チェルノブイリの後、日本は二度と同じような事故を起こさないために原発事故対策を講じてきたのだろうか。答えは残念ながら否である。信じられないが、対策を講じたらかえってそんな事故が起こる可能性があるのかと地元から反発されるからと、ろくに対策を考えなかったのである。

そしてもう一つの言い訳が、原子炉の型の違いである。原発といっても水力発電や火力発電とそうたいして変わらない。タービン（羽根車）を回して発電するのは共通で、水力発電所は位置エネルギーで（水を落として）回し、原発と火力発電所は熱で水蒸気を出し、それを叩きつけてタービンを回すことが違うだけだ。よくいわれるとおり原子力発電所も火力発電所も「巨大な湯沸かし器」という点では、共通である。そして、ウランを燃やす原発は、3分の2の熱がムダになる。ところが、原発は大量に発する熱を冷やさなければならない。このときに日本は水で冷やすのに対し、ソ連は黒鉛で核分裂を制御するという差が生じる。こうして、日本はやり方が違うからという言い訳で安全確認は、ないがしろにされてしまった。悪いことにシビア・アクシデント（SA）と呼ばれる大事故は、チェルノブイリ以降起きておらず、いつのまにかSA対策が忘れ去られていた。

チェルノブイリの事故は、外部から遮断され停電になった場合に備えた、初の定期点検に向けた実験中に起きている。定期点検に入る停止作業の機会を利用して、停電になったとき40～50秒後に非常用ディーゼル発電機が稼働するまでに、回転が落ちつつあるタービンの惰性で発電できるかどうか確認する作業であった。つまり、皮肉なことに、「ブラックアウト」と呼ばれる電源喪失という事故に備えた訓練をしているときに、操作ミスが起きて大事故につながってしまった。

日本では、全電源喪失による冷却停止の時間も30分ぐらいの短時間としか考えていなかった。スリーマイル島の事故の後、ベント（圧力抜き）の必要なことがわかっていたのに、格納容器にベントがついたのは2000年だった。したがって東電は手動のベントを想定しておらず、ベントによる蒸気の排出の訓練も何もしてこなかった。そこに暗闇と高放射線量が作業の妨げとなり、何度もベントに失敗し、5時間もかかり水素爆発につながってしまった。海江田経産相の最初の指示から10時間もかかっていた。菅総理がいくら大声を出しても、現場は何一つ準備もしていないため、すぐにはとりかかれなかったのだろう。

非常事態を想定したが、訓練もしない日本

最近（2012年3月中旬）原子力安全・保安院の、共産国家よりもひどい閉鎖的体質・隠蔽

体質が明らかになった。

２００６年、原発事故に備えて防災重点区域の拡大を検討していた原子力安全委員会に、広瀬研吉院長が反対意見を送り、「なぜ寝た子を起こすのか」と圧力をかけていたというのだ。昼食会で久住静代委員は反論したが、結局拡大されなかった。原発の安全を守るはずの保安院は、全く機能を果たしていなかったばかりでなく、逆に住民のスムーズな避難を妨げていたのである。

これでは危機のときに慌てふためくばかりで安全な誘導などできるはずがない。安全委が3月15日に公表したメールやファックスは、まさに恫喝である。西側諸国からは日本はもっときちんとやっているだろうと思われていたが、実は25年前のソ連よりひどい閉鎖的管理体制が敷かれていたのである。リスクを公にして議論したり、そのリスクに備えたりすることを拒む、とんでもない風潮がはびこっていた。

また、06年から08年にかけ、アメリカ原子力規制委員会（ＮＲＣ）から「Ｂ５ｂ」の略称で呼ばれる原発のテロ対策で、電源喪失に対する対応やベント弁や炉心冷却装置を手動で動かす準備、これらの職員の訓練等について保安院に説明されていた。今回の対応に役立ったことばかりだが、日本にテロの恐れはないということで何も対応していなかった。経産省は、チェルノブイリに学ぶどころではなく、アメリカの忠告にも動かない不作為という重大ミスを犯していた。

また、陸上自衛隊は、何度となく放射性物質が飛散する最悪の事態を想定した訓練と自衛隊としてのマニュアル作りを申し出たが、電力会社や地元の首長は聞き入れなかった。そういう事故は起きないと逃げまくったのに、今の大惨事に当たり、一民間企業で対応できないと言い訳しだしている。

訓練でいうと、アメリカではスリーマイル島事故の後、原発は2年以内ごとに、事業主、州、地方政府は必ず参加する避難訓練まで義務付けられている。これを原子力規制委員会と連邦緊急事態管理庁（ＦＥＭＡ）が評価することになっている。また、この他に6年ごとに食物摂取経路内の防災訓練も義務付けられている。ソ連はどうだったか不明だが、国の組織であり、統制がとれていただろう。このままなら、日米同盟ではないが、アメリカのＮＲＣとＦＥＭＡに日本の全原発の再審査をしてもらうのがベストである。34年ぶりの原発新設に委員長でありながらＮＯの少数意見を述べたヤッコ委員長が日本の原発の安全体制をどうみるか見ものである。

日本では、原子力災害対策特別措置法に基づき、国、地方公共団体、事業者等が一体となって訓練を行うこととされ、福島県は２００８年に１８０１名が参加して行われている。ただ、一時的な放射能漏れであり、今回のようなでかい事故は想定していない。

この大事故を教訓としなければならないのに、また風化してしまうことが心配である。

その結果、政府はただ「逃げろ」の指示だけで、きめ細かさに欠け、自治体も避難先探しに奔走しなければならなかった。

官邸本部機能とチェルノブイリの本部

事故翌日の27日には、チェルノブイリに本部（チェルノブイリ委員会）が設けられ、シチェルビナ副首相が陣取った。キエフ地区空軍司令官アントシキン少将とシャシャーリン電力電化省次官もメシコフ中型機械製作省次官もその下にいた。更に、イリイン、イズラエリも加わった。かくして、チェルノブイリの現地には、副首相、関係省庁の二人の次官、軍の司令官、原発の科学者、放射能の科学者と政府のトップクラスが勢揃いである。そして、ここから次々と指令を発した。つまり、全権を現地対策本部に任せたのである。

２０１０年春の宮崎の口蹄疫発生の際は、現地対策本部を立ち上げ、副大臣が本部長として常駐し、私も2か月近く、宮崎県庁で指揮をとった。ところが、今回は経産省も一応現地対策本部は設置したものの、本部長は入れ替わり立ち替わりとなりマスコミからも批判された。新幹線で1時間ちょっとのところとの差かもしれないが、現場重視の農水省と東京ばかりの頭でっかちの経産省との違いでもある。しかも、ほとんど何の権限も与えられず、現地感覚のない東京が指示していた。最悪の対応である。

それに対し、福島では、一旦は第一原発から５㎞離れた大熊町にあるオフサイトセンター（ＯＦＣ）に現地対策本部が置かれたが、通信設備が故障した上、放射性物質の防護も不十分で被曝する恐れが強くなり、すぐに福島に移転した。ＯＦＣは、１９９９年のＪＣＯ臨界事故をきっかけに、全国17原発に原発から20㎞圏内に設置された。このうち11は、国が指定する防災対策の重点地域（ＥＰＺ）の内側にある。２００４年当初から近すぎて危険ではないかと国会でも、毎日新聞の記事を引用して江渡聡徳委員に指摘された。それに対し、松永和夫原子力安全・保安院長（原発事故発生時の次官で、遅れるばかりの対応で辞任している）は「ＥＰＺ内にあるが、安全面や設備に全く問題ない」と言い切っている。さらに、「毎日新聞の記事は、国民に誤解を与える」と、とんでもない難癖をつけている。しかし、これも一連の安全神話と同様に原子力ムラが全く誤っていた。２０１１年5月、中山義活政務官は、「全部点検しないとならない」と正直に答弁せざるを得なかった。

これ以降、現地には東電関係者と下請け作業員、消防、自衛隊しかいなくなった。作業の指示は東京本社から出され、現地対策本部はなくなったに等しい。そして、放水作業一つ官邸の許可がなければできなくなった。愚かなことである。宮崎口蹄疫のときも一件だけ官邸が余計なことを言ってきたことがあったが、私が却下して、現地対策本部で決めたとおりに行った。

共産主義国のせいかもしれないが、チェルノブイリではすべてを政府がとり仕切った。それに対し、日本では、やれ東電だ国だといい、指揮命令系統が乱れていた。ソ連では、被曝放射線量が年間許容量を超えたことからトップの副首相は3～4か月で交代したが、現地の指揮命令系統は完全に一本化されていた。日本はその点、危機管理がなっていなかった。後述するレガソフはほとんどチェルノブイリにおり、それがもとで体調を壊したともいわれている。

今後しばらく原発を続けるにしても、事故対応を考えたら、日本の場合は、自衛隊の所属の組織とし、リスク管理もさせ、危機管理は自衛隊が出動してやらなければうまくいかないのではないだろうか。

事後処理に強引なソ連、前例のない事故に試行錯誤の日本

ソ連のほうが徹底した出荷制限

日本でも後々ホットスポットと騒がれることになったが、放射能は何も30㎞内だけが危険というわけではないことがすぐにわかっていた。各地に要注意地帯が作られ、農作業をするにも時間が定められ、交代制で作業が行われた。このことは、いろいろな本にも書いてあるのに、日本では、飯舘村に避難指示が出たのは2か月後である。初動について政府はチェルノブイリから何も学んでいなかった。

ロシア政府（ベラルーシ）は、ゴメリ州南部の農民に対しては、放射能汚染度を調べる前に農作物を食卓に上げないことを指示した。農作物は協同組合を通じて政府が買い上げ、その後汚染度を分析検査し、汚染度の高いものは廃棄処分し、加工食品に加工するものと区分けした。その

上に、政府は農民に汚染されていない食料を提供した。日本では、30㎞圏外は放射能検査をしたうえで出荷制限していたが、ソ連では先にすべての出荷を制限するというもっと過激な措置を講じていたのだ。

日本でもひとまず100㎞圏内は出荷停止にして、すべて買い上げたのちに検査するという方法をとるべきだったのかもしれない。そういえば槌田敦は、3月12日に私に100㎞圏内の農産物は全面出荷停止にしろとアドバイスしてくれていた。この場合、補償額はずっと嵩むことになるが、安全はより確保できた。

後々、福島県産の牛肉等については、汚染されているかもしれないことから、チェルノブイリ同様に全量買い上げの措置がとられたが、最初の時点では考えつかなかったことを反省しなければならない。

放射性廃棄物（核ゴミ）の処理

2章にも書いたチェルノブイリの「家のお墓」、「村のお墓」は、いわば核ゴミの処理の一つであり、その地場で埋めたということである。当初は除染も行われたようだが、もともとそれほど肥沃な農地でもなく、人口稠密地帯でもなかったことから、広範囲に強制退避が行われ、削り取って表土の処理といった問題は生じていない。大量の放射能被曝をして今も放射能を出し続ける作業車や戦車は、30㎞圏内に捨て置かれている。一応一つの固まりになっているが、基本的には静かに放射能が減じていくのを待つ以外にないという立場である。

それに対し、日本では、校庭で削りとった表土の持って行き場所がなく、片隅にブルーシートをかけて置いてあるだけである。国際的には汚染はあまり拡散させないのがルールであるが、日本は土地も狭く、少々汚染されていても、そこに住み続けなければならない事情もある。

今（2012年3月中旬現在）、中間処分場でもめているが、当然である。3章で述べたとおり、まずは移住地を確保し、手当てした後に、高濃度に汚染された原発近辺はチェルノブイリ同様に立ち入りを禁止し、そこに上記の校庭の表土等を集めるしかない。もちろん、30年間の中間貯蔵などというまやかしはやめ、もっと長い間の貯蔵場、場合によっては半永久貯蔵場にしないとならない。胸が痛むが、これが厳しい現実である。

核のゴミではないが、チェルノブイリの立ち入り禁止区域内のあちこちにゴミが捨てられているのは無残だった。監視の目を盗んで、不届き者が捨てたのである。悲しいことに、日本の避難地域では、立ち入り禁止でがれき処理すらしていいなく、ゴミの山となっていることから、捨ててもよくわからない。このどさくさにまぎれ、不法投棄が絶えないという。どこにでもいるこうした輩には、厳罰をもって臨むしかない。

農民にも避難民にも手厚く補償するソ連

他に、注意を払われたのは井戸水の飲用禁止と放射能を運ぶ粉塵の飛散防止策である。道路の舗装工事が行われ、道路のまわりは液体プラスチックで表面を覆い、ほこりが舞い立たないようにした。雨量が日本の3分の1で乾燥しているとはいえ、かなり用意周到である。稲わらを田んぼに放置したまま、それが牛に与えられた日本とは厳しさが違ったようだ。圧巻は、農作業による被曝を抑えるため、トラクター製造工場に対し、気密室を備えた特製トラクター、ハーベスターの製造を指示していたことである。農民の健康保護への気遣いである。日本では1章で指摘したとおり、69万Bq／kgに汚染された稲わらを牛に給餌したことで、牛にばかり注意が向けられているが、その作業をしている農民の吸引を心配する論調は新聞紙上でもほとんどみられなかった。日本は農民に冷たい国なのかもしれない。

強制的に避難させられた住民への補償額は定かではないが、自宅に残された家財道具を買い替えるためには、十分すぎる額であり、新住宅も次々に建てられていった。日本では、一律600万円というケチな金額で、いまだ新しい居住地も決まらない。

ロシア（ベラルーシ）は、ソ連の西端であり、1941～44年の大祖国戦争ではナチス・ドイツの占領下に置かれ、激しい独ソ戦が続き、多くの犠牲者が出て故郷を追われた人も多い。高齢者は、チェルノブイリの原発事故により、人生で2度も故郷を追われる悲劇に遭遇してしまった。この点は、ナチス・ドイツ軍に侵略されたキエフの人々も全く同じことになる。

いずこも苦しい事故原因究明

福島原発事故では、前述のとおり政府にだけ任せておくわけにはいかないということで「国会事故調」が設置された。異例のことである。11年5月　菅内閣のもと「政府事故調」が設置され、現職検事を事務局長とし、10人の委員が12月には中間報告を提出している。「国会事故調」は、証人喚問や資料提出要求ができる強味があり、6月に衆参の議長に報告書を提出することになっている。地震による原発事故を警告し続けた石橋克彦神戸大学名誉教授、反原発のライター田中三彦などユニークな10人の委員に、是非真相を明らかにしてほしいと期待している。また、12年2月28日、「民間事故調」も報告書を出している。

日本では、津波という1000年に一度の大自然災害を事故原因として、犯人探しは行われていない。一つ見苦しいのは、すべて津波のせいにして、地震に耐えたといい続けていることである。なぜなら、地震で圧力容器や核納器にヒビが入り、配管設備が壊れたなどとわかると、地震国日本に原発は設置できなくなるからである。つまり、日本では現場の所長ではなく、津波がスケープゴートにされてしまっている。

一方、四半世紀前の誇り高き科学技術大国ソ連は、事故原因をどのように究明したのだろうか。すぐにシチェルビナ副首相を議長とする政府委員会が中心となり、原因究明に当たった。プロメテウスの火かどうか知らないが、原発という神の怒りを鎮めるためにも、やはり犯人が必要だった。六つの原子炉運転規則違反をした現場の監督者たちのミス、つまり人的要因とし、決してソ連独特のＲＢＭＫ炉の構造的欠陥は問題にされなかった。１９８７年7月の裁判でブリュハーノフ・チェルノブイリ原発所長は党から追放され、その他の同僚も職務を解任された。早い決着である。日本は1年後もまだ政府も国会も報告をまとめていない。

原発計画を立て強行してきた政策への反省などひとかけらもなかった。これは日本も同様である。そして、哀れ、ブリュハーノフ所長は、10年間の自由剥奪刑に処せられ、消防士等亡くなった家族や家を追われた被害者の責めを一身に負わされたのである。規律の乱れは刑事裁判の過程でも明らかにされた。運転規則違反もかなり前からあったものが、日本の東電の事故よろしく、握り潰されていたのだ。

十数年にわたり、わかっただけでも２９５件のトラブルを隠し、告発した元ゼネラル・エレクトリック（ＧＥ）社員を解雇した東電、内部告発者を守らず東電に通告する保安院、まるで鉄のカーテンの闇の中の出来事のようなことが日本で起きていた。こうしたごまかし隠蔽体質は、原発にはつきもののようだ。

その後、１９９1年には何も操作の間違いだけではなく、基本設計ミスもあることが認められるようになり、ブリュハーノフ等の再審による名誉回復の動きも生じた。ところが運が悪いのか、ソ連は解体してしまい、その機会は失われてしまった。

地震を理由に原発建設を中止させたクラスノダール住民

チェルノブイリの原発事故は、ヨーロッパを震撼させ、その後の脱原発のきっかけとなった。ソ連でも初めて公然たる広範な原発論争が開始され、ロシア共和国南部のクラスノダール原発建設計画の中止という結果をもたらした。日本の何々県何々村のことではなく、１９８８年の共産主義国家ソ連でのできごとなのだ。しかも驚くべきことに地元住民が、立地予定地の地震可能性を心配し、反対運動に立ち上がった結果だった。立地点が北カフカス山脈のふもとにあり、地震のおそれがあったからである。

もちろん、当初は、政府はそんな住民の声に耳を傾けようとはしなかった。クラスノダールでも工業化が急速に進展し、農民が労働者となり農村は過疎化し、後継者がいなくなり、穀倉地帯が片隅に追いやられつつあった。

その後、ミンスクとオデッサでも同じように地元住民の反対により、原発建設計画が中止に追い込まれたが、その理由は都市に近すぎるということであった。

ここで私が注目したのは、24年も昔、旧ソ連時代に地震を理由とする原発反対運動が起き、それが効を奏して中止されたという事実である。今の日本と旧ソ連といったいどちらが民主国家なのか、ふと気になるのは私だけではあるまい。

ソ連崩壊の遠因になった原発事故

団結して安全を装う世界の原子力関係者

1974年のスリーマイル島の事故の後は、ルールを守れないアメリカ人が起こしたもので、訓練された専門家が動かしているソ連や、何事もきちんとしていた日本では起こりえないといわれた。ソ連では、アメリカ資本主義では、利潤を重視し、労働者や住民の安全は犠牲にされると教え込まれていた。そして、チェルノブイリの後は、安全管理が徹底しない共産圏　ソ連で起こった人災であり、西側先進国や日本では起こりえないと言い訳された。つまり世界の原発関係者は、こぞって人的災害と口裏を合わせ、原発安全神話を守ることで一致団結していた。ドイツ等ヨーロッパでは、チェルノブイリ以後急に脱原発の動きが盛り上がったが、原発関係者の努力が実ったのか、21世紀になり再び「原発ルネッサンス」時代を迎えつつあった。

2011年、その日本でも原発事故が発生するにおよび、アメリカ、ソ連というでたらめな（?・）国だからという言い訳は通用しなくなった。ドイツもイタリアも、あの日本でも事故を防げなかったのだから、我々も事故を防げないと観念して、脱原発を決定したのである。それを一国、本家本元の日本のみが、今度は津波を言い訳に使って乗り切ろうとしている。再稼働、寿命40年を60年、そして恥知らずの原発輸出である。どうみても感覚がずれているとしかいえまい。

外国の原発事故への対応

日本の原発事故に外国がいろいろな対応をみせた。25年前のチェルノブイリでも同じだった。駐アメリカ大使館は、直ちにキエフ在住の全員の避難を命じており、イギリス大使館も、ミンスクを加えて避難させている。今回、アメリカは、日本の対応のまずさと情報不足により9万人の全員の退避も考えたようだが、最終的に90㎞以内からの避難にとどめている。多分、日米関係を配慮しての対応であろう。

チェルノブイリの外国対応の圧巻は、オクシデンタル石油でも財をなしたハマーの仲立ちによる、若き骨髄移植の専門医ゲイル博士の現地入りである。もちろん、ソ連も自国の医者で十分と嫌がったが、ハマーが治療器材一式を携えてくることに目がいき、迎え入れられている。思わぬところでの米ソ交流である。

ハマーもゲイルの祖父もユダヤ人で、ソ連（ロシア）から逃れたという点で共通のルーツを持っている。レーニン時代にソ連にアメリカの穀物を売り、ソ連の鉱物を輸入し、その後もモスクワで商売を続けるという、いわば世界を股にかけたハマーのような政商が、米ソ冷戦時代にも存在し災害外交に活かされている。

そして、私が最も驚く点は、どこにもいる若い医師の行動力である。ハマーに自らの医師としての知識・技術を放射能汚染に苦しむソ連の人たちを助けるのに役立たせたいと直訴し、ハマーもそれにすぐ応じていることである。しかも、ハマーがゴルバチョフに手紙を書き、それが本人の手に渡り、なおかつアメリカの上院外務委員会までもすぐさま承認するというダイナミズムである。

チェルノブイリ関係本を20冊近く読み漁り、数々の出来事に涙したが、晴れ晴れとするエピソードの一つである。時代と世代を超えた二人が自分（祖先）の追われた祖国の窮状をみかねて、大胆な行動を起こしたのだ。日本でいえば、原発というより東日本大震災に対する米軍の「トモダチ作戦」が、この美談に相当する。

52歳の研究者レガソフの自殺

チェルノブイリの人間ドラマの中で、私がひときわ興味を引かれたのは、「ミスター・チェルノブイリ」と西側マスコミから呼ばれた、一人の科学者レガソフ（52歳）の権力の絶頂での自殺である。原発事故2周年直後のことであった。

ソ連科学アカデミー会員で、原発の権威で原子力潜水艦を造ったアレクサンドロフに目をかけられ、クルチャートフ原子力研究所副所長として、学者としての才能のみならず、組織者として、そして最後はスポークスマンとして力を発揮した。１９８７年、ウィーンのＩＡＥＡでの報告の大演説は、聞く人を魅了した。プラウダは、1988年4月30日、肖像写真とともにゴルバチョフ書記長以下54人が連著した追悼記事を載せている。同僚の学者は、彼をドン・キホーテであると同時に、ジャンヌ・ダルクだと評し、その八面六臂の活躍を惜しんだ。

52歳の働き盛りの齢になぜ死を選んだか。その後も明らかになっていない。ただ一つ明らかなのは、深くかかわったチェルノブイリ原発が大きく影響していることである。事故を防げなかったことや、運転員に事故の責任を押し付けるのに加担したことに対する良心の呵責もあるだろう。放射能の恐怖も知りつつ、何日も現場に足を運んだ結果、体も蝕まれていたともいわれている。社会主義労働英雄の勲章をピカロフ大将とともに受けることになっていたが、原発関係者ということでゴルバチョフに拒否されてしまった。ソ連の体制そのものを批判し始め、原発の安全を研究する機関、産業安全研究所の設置を提案したが、ことごとく拒否された。誇り高き科学者として、名声に傷がつくのを恐れたともいわれている。原因解明のため調査の手がレガソフにも及んでいたからだ。また、「ゴルゴ13」や「007」ばりの話になってしまうが、レガソフは「同じ型の原子炉はいつでも同じ事故が起こる」と原子力という国家機密についてあまり素直に語り始めたこともあり、ソ連にとって危険な存在となり、抹殺された可能性もなきにしもあらずという。

レガソフは、貴重な回顧録を残し、素直に「チェルノブイリ事故は、我が国が何十年にもわたり、経済の運営に誤りを犯してきたことが災いした」と述べている。そして、西側専門家の指摘したとおり、ＲＢＭＫ炉の設計ミスにも言及した。

絶頂期にあった科学者の自殺がチェルノブイリ原発を巡る世界の悩みを象徴していることは事実であろう。そして、それはソ連の体制そのものへの精神的な打撃となり、３年半後のソ連崩壊への序曲となった可能性がある。原子力は、ソ連の科学とそれに裏付けられた強大な国の象徴であり、その権威が揺らぐことが、ソ連そのものの崩壊に直結したのかもしれない。核燃料のメルトダウンの次に待ち受けていたのは、国家そのもののメルトダウンだった。

ゴルバチョフとチェルノブイリ原発事故、そしてソ連崩壊

ゴルバチョフの西側諸国へのデビューは、１９８４年12月、ソ連最高会議代表団を率いて、ロンドンを訪問したときである。このときに会ったサッチャー首相は、I can do business with him という言葉を発した。27年後　オバマ大統領がたぶん英語でよく使う言い回しなのであろう、野田総理に同じ言葉を発したと日本のメディアに報じられた。もし、野田総理が、それにかどわかされて有頂天になり、突然ＴＰＰと言い出したのなら、私にとっては、とても呪わしい言葉である。

１９８５年3月にグロムイコ外相の強い押しで頂点に立った、ゴルバチョフ書記長のスタートは順調だった。翌86年2月の第27回共産党大会で、ペレストロイカとグラスノスチをひっさげてソ連の改革に乗り出した。しかし、1年たらずしてすぐに起こったのが、チェルノブイリ原発事

故だった。最悪のときともいえた。

前述のとおり、トップのゴルバチョフがいくらグラスノスチを主張しても、原発事故には口を閉ざさざるをえなかった。国民をパニックに陥れることはできなかったのだろう。日本で、10年、20年住めない云々発言を松本健一内閣参与が喋り、菅総理が打ち消しに躍起になったのと同じで、一国の主として仕方のない行動である。

日本の福島原発事故が、日本の経済や政治にどう影響を与えたかは、もっとずっと後になってからでないとわからないが、チェルノブイリ原発事故は、ソ連の政治にも経済にも大影響を及ぼしたことは誰も否定しない。直接的なことでいえば、4号機が大惨事になりながら、1号機を運転し続けなければならない電力事情もある。ともかく経済状況はよくなかった。ゴルバチョフはこれを契機に一挙に改革に歩み出すこともできたであろう。危機であると同時に好機でもあった。ゴルバチョフは、ノーメンクラトゥーラを排除し、民主化、近代化を急いだ。

ゴルバチョフはチェルノブイリのような悲劇的事件は、犯罪的な無責任と不注意にあると断じた。その結果、メディアでもソ連社会の欠点を指摘するようになり、科学者も政府の政策に批判できるようになった。ゴルバチョフは崩れかかったソ連の立て直しを図った。ソ連に匹敵できる国はないという原子力部門での大事故は、威信を大きく汚し、そのきっかけになったといえなくもない。それはレガソフが回顧録で指摘したとおり、ソ連の社会経済体制の失敗の象徴でもあったからだ。ソ連は1991年12月、国家自体が崩壊した。

5章

巨大地震の起こる日本に原発適地はなし

日本は巨大地震列島

第3のチェルノブイリ原発事故報告—局地地震が原因だった

原発事故は、1987年には「人為的ミス」とされ、91年には「構造的欠陥」とされた。ソ連も未曾有の大惨事の原因究明には必死で取り組んだ。それまでにもウラル大惨事のような原発事故はあったのかもしれないが、知れ渡ってしまったチェルノブイリについては、隠す必要性は少なくなったのかもしれない。

99年、4月「新イズベスチャ」は、原因は地震だったと報じた。世界各地の核実験を探知すべく、ソ連にも数多くの地震観測所が設けられ、チェルノブイリの近くにも3か所あった。そのデータから、第4号炉の直下で事故直前16秒前に震度4の地震があり、その揺れで制御棒が挿入不能になり大爆発に至ったというのだ。

私は、2011年末から2012年の年始にかけ、20冊余のチェルノブイリものを読み漁った。その中の一つ、環境保全活動を続ける船瀬俊介の『巨大地震が原発を襲う—チェルノブイリ事故も地震で起こった』（地湧社、2007）があり、この点に絞って書かれていた。この説に対して、１００km以上離れたキエフ等でも何の揺れも感じられなかったし、大陸で地震などめったに起こらないという反論がある。

私の体験した松代群発地震

大陸の真ん中のチェルノブイリ周辺では火山性地震はめったに起こらない。しかし、私は長野県で局地型地震を文字どおり体験している。高校時代、木造2階建ての校舎は震度1～5ぐらいの松代群発地震（１９６５～70年）でしょっちゅう揺れていた。しかし、20～30km離れたところはほとんど揺れなかった。約９００年の周期で起こるといわれる善光寺大地震（１８４７年の御開帳の最中に発生、安政の大地震〈１８５４〉の連動地震）も、活断層の上だけの局地的地震である。

東日本大震災の翌日の栄村の震度6強の地震がまさに局地的で、近隣市町村は震度4ぐらいで50km近く離れた長野市はそれほど揺れていない。海溝型の巨大地震に誘発された、遠方誘発型の活断層による内陸直下型の地震だった。その後、6月30日には松本で同じタイプの地震が起きている。今も続く余震からもわかるとおり、活断層のズレによる局地的地震はいつでもどこでも起こる。

内陸でも原発には冷却水が必要であり、原発は川辺に造られる。チェルノブイリ原発もしかり、ピリピャチ川の近くに位置する。川は段丘を造り、逆に、川は段丘の近くにできる。段丘は断層のズレによりできるものもあり、チェルノブイリの地下にも断層があることが考えられる。四つのプレートの交差する日本は、そこら中が活断層だらけであり、その9割以上が未知といわれる。

大地震による「原発震災」警告

どの本にも、チェルノブイリでは2回の大きな揺れ、爆発があったと記され、3度目の大爆発を抑えるため5000tもの砂や鉛が投下された。原子力の専門家からみても1回目の揺れや天井の落下が謎だったが、それが実は地震によるものだったかもしれないというのだ。

人為的ミスは、訓練した専門家が運転作業をすれば防げる。構造的欠陥も設計を修正し、強度を高めれば改善される。ところが、地震は防げない。この研究の責任者バルコフスキーは、原発が建設されている地域の地質特性の研究に、直ちに取りかかるように呼びかけている。まさに、日本への警鐘だったのだ。

このチェルノブイリ原発事故地震原因説は「新イズベスチャ」の前に、デンマークのドキュメンタリーが報じ、NHKも1997年8月15日に教育テレビで放送している。日本の新聞は毎日新聞以外報じなかった。日本の原発関係者は、例によって耳を傾けず、地震対策には頬被りを決め込んだ。しかし、1970年代から、幾多の専門家が大地震による原発事故の危険性を指摘してきている。

石橋克彦神戸大学名誉教授は、原発が地震により大事故を起こし、大地震による被害の上に放射能の汚染が重なり合う「原発震災」の危険性を指摘してきたが、ずっと無視され続けてきたのである（『大地動乱の時代』岩波新書）。

原発の耐震設計審査指針は、ほとんど改定されずにきていたが、2006年8月28日、原子力安全委員会の分科会は大荒れとなった。01年より石橋教授が、外部からの批判だけではよくないということから委員となり、活断層調査の重要性を指摘し、M7級の地震を想定するように求め続けていた。活断層の活動も5万年でよいとするのに対し、石橋教授は10万年と主張。しかし、大半の委員の受け入れるところとはならず、石橋教授は辞任した。原子力ムラは常に地震の影響を過小評価する方向で動いた。

1995年の全く想定外だった阪神淡路大震災後も、何も見直さなかったのである。地震に対する備えでも、この程度であり、その付け足しと思われている津波対策などもっとおざなりになっていたのは想像に難くない。この当時にも始められていたパブリック・コメントの中に、広瀬隆ではないが、津波で全電源喪失に陥り、冷却用の海水取水設備も使用不能になる恐れがあると、福島第一原発の事故をまさに予告するものが含まれていた。

3・11の大地震と津波は、日本の驕りに業を煮やした、大地と海からの原発への警告だったと認めなければなるまい。

地震原因説を忌避する原子力ムラ

そして今、日本では原発事故について、東電、政府こぞって原発施設は地震には耐えたと強調し、千年に一度の津波で電源喪失したことが原因と言い続けている。オイルタンクの流失も原因の一つであり、地震により配管の破断が起きて緊急炉心冷却装置（ＥＣＳＳ）が動かなくなっていた可能性もある。問題の電源喪失も東電の鉄塔の倒壊によって起きていたことは、２０１１年4月27日の吉井英勝議員の質問に対し、原子力安全・保安院も認めている。その意味では紛れもなく地震により原発震災が発生したのである。

今回の東北地方太平洋沖地震のマグニチュードは９・０とされ、関東大震災（１９２３年9月1日）の７・９をはるかに凌ぐ45倍のエネルギーの地震とされる。阪神淡路大震災（兵庫県南部地震）は７・３で、鉄筋コンクリートも高速道路も倒れ、木造家屋も多くが崩壊し、６４３４名の犠牲者が出た。ところが、今回の犠牲者は津波によるものであり、地震そのものによる者はほとんどないのではないか。

原発災害が巨大だということは予想できたのだろう。原子力損害賠償法があり、電力会社の負担の上限が１２００億円と決められるとともに、「その損害が異常に巨大な天変地異または社会的動乱によって生じたものであるときは、その限りではない」と規定されている。つまり、Ｍ９・０だからそれ以上は政府でお願いしたい、ということにつながることになる。

原発設計者の田中三彦（「柏崎刈羽原発の閉鎖を訴える科学者・技術者の会」の呼びかけ人、福島第一原発4号機の主任設計者）、後藤政志（元東芝の原子炉設計者）、渡辺敦雄（同）の3氏は、何回も地震の揺れで原子炉につながっている重要な配管が破損して、冷却機喪失事故が起きたのではないかと指摘している。この点については、いつも問題点をいち早く見つけ出す、敬愛すべき熱血議員川内博史が、地震による配管損傷説について検証すべきと原子力安全・保安院を追及している。原子力安全基盤機構（ＪＮＥＳ）が、２０１１年12月、地震により原子炉配管損傷の可能性を示す解析結果をまとめているからだ。

地震で重要設備が損傷したとなると、今やっているストレステストの見直しや、「耐震設計の審査指針」の全面改定が必要になってくる。そして今、定期点検で停止中の原発の再稼働は難しくなり、その先に日本には原発適地はないという結論が待っている。

Ｍ９クラスの巨大地震は３５００年間に７回

平川一臣北大特任教授の調査によると（２０１２年1月26日発売「科学」）、Ｍ９級の地震は、８６９年の貞観地震や１８９６年の明治三陸沖地震がよく比較されるが、北海道から三陸沖にかけて、つまり、千島海溝から日本海溝にかけて、過去３５００年間で7回発生し、大津波が日本列島を繰り返し襲っていたことが明らかとなった。30年ほど前から、堆積物に「過去」を探る研究が行われるようになり、徐々に大地震と津波の有様が明らかになりつつある。

調査結果によると千島海溝と日本海溝に震源域が四つあると推定され、数百年から千年の異なる間隔で地震を繰り返しており、同時や連続発生もありうるという。中部地方から西日本で懸念されるのが、東海・東南海・南海トラフ沿いの地震で、今までは3地震が連動した１７０７年の宝永地震が最大と考えられている。この49日後に富士山も大噴火して大量の火山灰が日本を覆っている。浅間山の噴火もこの頃にあり、灰が原因で悪天候が続き、作物が実らず、「天明の大飢饉」につながっている。巨大地震の後に火山が噴火する例は、２００４年のスマトラ・アンダマン地震の後、数か月にわたってインドネシアの多くの火山で地震活動が活発化し、タラン火山が大噴火している。日本でも同じことが起こる可能性がある。となると、日本は火山灰による原発の冷却機能喪失にも備えないといけないことになる。

一方、日本海側をみると、調査が進んでいないが、１９８３年日本海中部地震の津波被害が発生している。福井原発銀座も世界最大の原発基地柏崎刈羽原発もあるので、今後早急に調査をして備えなければならない。

地震の原因を変えたプレートテクトニクス

日本で地震が多いのは宿命である。そして前述の松代群発地震も中越、中越沖、駿河湾地震も、「フォッサマグナ」の近辺であり、プレートから押されてのものだろう。私は１９７６年から2年間、アメリカのワシントン大学（シアトル）の海洋総合研究所で海洋法を学んだ。そのときに海の仕組みもこってりと勉強させられ、初めて「プレートテクトニクス」という言葉を知った。今では誰でも知っていることであるが、この理論が打ち立てられたのは1968年であり、私が学んだのはその直後だった。ところが、日本の原発の立地審査指針は、プレートテクトニクスなどわかっていない時代にできている。つまり、活断層の動くメカニズムがあまり理解されていない時代に、大半の原発の立地が求められている。これは危険極まりないことだ。

プレートテクトニクス論は、ドイツのヴェーゲナーが南米大陸とアフリカ大陸のかたちがぴたりと合うことからもともと一つの大陸ではなかったかと考えた「大陸移動説」が始まりである。科学や発見も意外に単純なことから始まる。パズル好きの子供が遊びの延長線上で大発見したようなものだ。調べてみると、残っている化石も岩石も共通だった。

そして、日本はユーラシア、北米、フィリピン、太平洋の四つものプレートがひしめき合い、いってみればおしくらまんじゅうをして、日本の山を造り、今も地震を起こしている。このお蔭で、日本は四方八方地震のおそれのある「地震災害列島」なのである。

更に悪いことに、日本は今、長い周期でみると地震の活動期と多発期になっているとみられる。21世紀に入り、2004年の山古志村の中越地震、07年の中越沖地震（後述するようにこれで柏崎刈羽原発が壊れている）、08年山崩れがひどかった宮城内陸地震、09年の駿河湾地震、そして今回の東北地方太平洋沖地震と続いている。この延長線上に上記の3連動地震の発生もありうる。日本は地震の危険がずっと続くことになり、気を抜くわけにはいかない。

世界は地震地帯を避けて原発立地

チェルノブイリ原発事故当時も、ＩＡＥＡ、ソ連当局はこぞって地震説を葬り去ろうとしていた。哀れ地震に気付き研究を始めたチャタエフは、いつの間にか消息不明になっている。一方、アメリカはもともとディマブロキャニオン以外に、西海岸の地震多発地帯には原発を設置していない。カリフォルニア州のフンボルトベイ原発は、直下に活断層が見つかり、運転が中止されている。また、ボデカヘッドとマリブの原発は、ＮＲＣ（原子力規制委員会）が、Ｍ８以上の地震が起こると、配管や接続部は持ちこたえられないと判断し、計画が撤回されている。２００７年の柏崎刈羽原発の被災の後、ロサンゼルスタイムスは、「原発はノー」という論説記事の中で「国民の税金は原発の冷却塔より風車のために使うべきだ」と主張した。２０１２年３月18日、もともと活断層が近くにあるといわれている、サンオノフレ原発に配管７か所破損がみつかった。ひょっとすると度重なる地震のせいかもしれない。

アメリカの安全基準をそのまま適用すれば、日本の原発はどれも許可が下りないといわれている。原発は何も原子炉や圧力容器ばかりでできあがっているのではなく、内部に複雑な配管が走り回っており、地震によりその配管が揺れて徐々に傷んでいくからである。ドイツでは１９９８年７月、建設されて間もない原発の閉鎖が命じられた。敷地内の一部に断層が走っていたからである。その後は、クラスノダールの例にみられるとおり、ロシアを含めた先進国は地震の可能性のある場所には原発は立地していない。

1987年4月23日、震度5の地震により、福島第一原発の稼働中5基のうち、1、3、5の3基が自動停止している。第一原発の他の2基と第二原発の稼働中の3基は自動停止しなかった。

中越地震と中越沖地震で冷やりとさせられたのは、世界最大の原発基地、柏崎刈羽付近の住民である。それにもかかわらず、ひとり日本のみ、地震説をおびえるようにひた隠しにする。当たり前である。真実だとすれば、日本には原発適地はなくなってしまうからだ。日本では、そこら中で第二、第三の原発震災が起こる可能性がある。やはり、原発はやめていかねばならない。

想定外は想定を無視しただけ

今回の福島原発事故は、すべて想定外の津波のせいにされている。しかし、私の知る限りでは、このような原発災害は、前述の石橋教授の例にみられるとおり、幾多の本や学者によりとっくの昔から指摘されていた。そして、全電源喪失は、日本でも議論され、アメリカからも警告が発せられていた。なおかつ政府の報告の中にもあったのである。

2009年6月、国の原発耐震指針改定のとき、経産省の原発の耐震・構造設計に関する審議会で、岡村行信産業技術研究所活断層研究センター長が、869年に発生したM8以上とみられる「貞観《じょうがん》地震」を取り上げ、再び起こる可能性があることを指摘した。岡村センター長は、東電の調査が非常に大きな地震が起きたことに全く触れていないことを問いただしたが、東電は十分な情報がないと一蹴し無視した。当時、原子力安全・保安院の安全審査官も現在の想定が十分でないことを認めていたという。この岡村センター長の指摘にもかかわらず、東電は新たな調査結果は出さずに、「想定外の津波」だったと釈明を繰り返しているが、本当は審議会の指摘をないがしろにしたことが大惨事を招いたのだ。

ＧＥ社の古いマークⅠ型炉が、配管破断などの冷却機能喪失事故や、地震による配管の破断と圧力抑制プールの水面の大きな振動が同時に起きたときに深刻な事態をもたらすことは、設計者からも指摘されていた。例えば、元ＧＥのエンジニアで退社してマークⅠ型原子炉の危険性を告発してきたブライデンボーは、冷却システムがぎりぎりの容量で設計されているため、電力供給が途絶えて冷却システムが止まると爆発を起こすと、２０１１年3月15日のＣＮＮテレビで訴えた。

ついでに述べておくと、２０１０年6月17日、２号機で電源喪失事故が起き、あわやメルトダウンかという事態が発生している。その前の6月13日には、福島県沖を震源とするかなり強い地震が起きており、たぶんこれが原因だったとも考えられる。東電はそれにもかかわらず、何も対策をとらず、３・11につながってしまった。福島第一原発は、巨大地震はもちろんのこと津波による浸水も予想していなかった。軽油で稼働するディーゼル発電機が各基に2台以上あったが、高台に分散して置くという配慮はなされていなかった。電源車も渋滞に阻まれ、パトカーが先導しても進まなかった。やっと原子炉近くに来ても、がれきが散乱し近づけなかった。更に言えば、2011年4月7日には、東日本大震災後最大の余震で宮城県女川原発の外部電源2系統が停止、残る1系統でやっと冷却を継続している。青森県の東通原発と六ヶ所再処理工場でも非常用電源で辛うじて冷却を続けることができた。つまり、いずれも地震で冷やりとさせられ、幸運にも大事故にならずにいただけなのだ。

ドイツ人の一部は、「日本人はアジアのプロイセン人」と呼び、何事もきちんとやる日本人には親近感を持っている。そのドイツ人も、地震大国日本でこれほどまでに何の準備もせずにきたのかと失望しているという。その点では、日本は世界の信用を一つ失ったことになる。

多くの原子力ムラ以外の専門家が指摘した地震による原発事故

私が読んだ本でも、1章18ページの表のとおり原発事故の危険度が、あちこちで述べられていた。

私自身が最初に目にしたのが、スリーマイル島の事故の直後、室田武（同志社大学教授）が最初の本『エネルギーとエントロピーの経済学』（東経選書）のまえがきで触れていた。室田教授は、京大で物理を学んだあと、阪大で経済学を学びアメリカに留学し、当時、一橋大学助教授だった。物理学を学んだことから原発に対する理解があったのだろう。その後、『原子力の経済学』（日本評論社）で原発を糾弾し、それに代わる社会を造るべきと主張し、『水土の経済学』（紀伊國屋書店）『雑木林の経済学』（樹心社）と矢継ぎ早に出版している。地球を汚す化石燃料に頼るのは間違いだからといって、原発はもっと重大な問題がある。これからは、水と土と緑の循環の中で生きていかなければならないという一貫した主張で論じられており、私は貪るように読み、よく世の中には同じ考えの人がいるものだと感心した。その後、エントロピー学会等で出会い、個人的な交流も続けてきた。

藤田祐幸、槌田敦・劭兄弟も同じように地震→原発事故→放射能漏れに危惧を抱いていた。広瀬隆は、そんなに安全なら新宿副都心に原発を造れとどぎつく世の中に説いた。危険だから人口稠密地帯に造るなという日本の方針に対する痛烈な皮肉だった。そして、半年前は『原子炉時限爆弾』（ダイヤモンド社）というセンセーショナルなタイトルの本の中で、地震による原発災害が起こるとドンピシャの警告を発していた。

地震による原発事故を想定していた専門家は山ほどいたのに、原発関係者は耳を傾けようとしなかっただけである。原発を甘く見て、そして警告した人の意見を全く受け入れなかったのである。その意味では人災であり、想定外だといって開き直られてもとても納得するわけにはいかない。被害があまりに甚大すぎる。

ずっと原発の危うさを告発し続けた、原子力資料情報室の故高木仁三郎は、死を間近にして、「最悪の事故のようなものが避けられないかもしれない。とんでもない事態が起こっているようで、かけ値なしの恐怖感が私にはあるのです」と懸念していた。原子力行政関係者も原発関係者も、原発に対する恐怖心が失せ、緩慢になりきっていたのである。そこに今日の落とし穴があった。

平井東北電力副社長の眼力に救われた女川原発

冒頭に、私の頭の中で真っ先によぎったのは女川原発と書いた。福島第一原発より震源地に近く揺れは激しかったはずである。津波の高さも同じぐらいだったのが、片や大惨事となり、片や難を逃れた住民の避難場所にもなった。

この差がどこから生じたか、２０１２年３月７日の東京新聞で知ることになった。そこから引用する。

平井弥久助東北電力副社長が、12ｍの津波想定という意見に対し、15ｍを主張したという。なぜなら、生まれ故郷（宮城県岩沼市）の千貫《せんがん》神社は海岸線から７㎞であるのに、仙台藩の記録で慶長津波（１６１１年）が到達していたことを知っていたからである。非常用ディーゼル発電機も、１号機は地下だったが、２、３号機は地上に３台ずつ置いた。また、引き潮で取水できなくなる場合にも冷却水を確保できるように、取水口に段差を設けていた。このような安全対策は、すべて余分なコストがかかることである。

しかし、この平井副社長の進言どおりにしたため、同じ12・５ｍの津波でも、女川原発は難を逃れ、福島第一原発は壊滅した。東電は、設計をすべてアメリカのＧＥに丸投げし、安全措置をケチり、その後の地震ありうべしの報告にも全く耳を貸していなかった。それに対し、女川原発は、たった一人の炯眼《けいがん》を持った副社長が救ったのである。

「向都離村」で疲弊した村を襲った直下型地震

長野県栄村は、新潟県境に位置する人口２２１２人の小さな村である。人口は少ないが、面積は２７１・５１㎢と広く、世界一の豪雪地帯である。森宮野原駅には７・８５ｍの日本最高積雪地点の標柱が立っている。

明治以来ずっと「向都離村」（都会に向かって、田舎を離れる）時代が続き、日本はこれに歯止めをかけることがなかった。そのため、山深い里は櫛の歯が抜けたようになり、各地に限界集落が生じている。栄村も７３００人いた人口が4分の1強に減少。支持者訪問の折、「限界集落なんてふざけた名前つけられているけど、そんな生易しいもんじゃないで、篠原さん。この辺は限界集落なんじゃなくて……崩壊集落だ」と言われ、私も次の言葉が出なかった。本当に困っている地域なのだ。

直下型地震による局地的大被害

その栄村が東日本大震災の半日後の3月12日（土）午前3時59分、大揺れし（深さ約８㎞、Ｍ６・７の直下型地震、震度６強）、大きな被害を受けた。尾池和夫元京大総長は、これを地殻が東京方向に伸びたために張力で起こる、上盤が滑り落ちるようにずれる正断層型の地震で、「広義の余震」と呼べるという（『日本列島の巨大地震』岩波書店）。局地的地震であり、新潟県中越沖地震の山古志村の被害に匹敵するが、東北の大被害の陰に隠れて目立たないままである。３月中旬はまだ雪で覆われており、田畑の被害のほどは不明だった。しかし、８５２戸の小さな村で、33戸全壊、１５２戸半壊、４５４戸一部損壊、一時は秋山地区など一部の地区を除き全村に避難指示が出された。まさに大被害である。幹線道路も崩落、県道は通行止めだらけ、停電、断水も続いた。

私はすぐにでも駆けつけたかったが、地震、津波、原発災害の対応に追われ、農林水産省を離れることができず、５月１日に初めて見舞いかたがた視察した。全壊した無残な家、山腹をえぐった土砂崩れ、渡れなくなった橋、畔《あぜ》も崩れ落ちた田、亀裂が入り寸断された道、崩壊した水路、すさまじい光景だった。

国有林の土石流に対しては、林野庁からすぐに出向かせ、対応を急いだ。また、主として東北の塩水につかった田畑の復旧のために設けられた事業を、栄村の復旧にも使えるようにするなど私も蔭ながら復興に向けて汗をかいた。信じ難いことだが、東日本大震災のためのいろいろな施策の対象からいつもはずされてしまっていた。村内の水田は２２６ha、そのうち約30haは作付けが難しいとされているが、１年でも休むと田畑は荒れてしまう。

仮設住宅は55戸必要とされ、村外避難住民は74世帯、１６４人で全体の７%。超過疎なのに、大地震で踏んだり蹴ったりである。そこに2012年の大豪雪。地震で通行止めになっていた橋が雪の重みで崩壊し、それが全国にテレビで流され、一躍有名になった。そこで豪雪対策本部の視察となり、2月5日、奥田健国土交通副大臣の視察に同行したところ、島田茂樹村長は、「340cmだけどいつもより20cm多いだけで大したことはない」と正直に説明し、視察者一同雪国の厳しさを痛感することになった。

小さな過疎の村、栄村を脅かす巨大な柏崎刈羽原発

強い絆で結ばれた村

栄村は人情味が豊かである。地元担当秘書は、食事をいただいたりすることも度々である。こうしたことに魅かれた松尾真京都精華大学准教授が、過疎の村に住みつき、村を元気にするためのNPO法人の一員として活動している。

田直し（国の事業にたよらず安上がりに基盤整備する）、道直し（同様に安上がりの道路整備）、下駄履ヘルパー（ご近所がヘルパー）等ユニークな村行政で全国的に知られていた。「無縁社会」とは無縁の、がっちりした絆で結ばれた古き良き村である。

２００５年秋、保険料未納問題で代表の座を辞した菅直人農林漁業再生運動本部長を栄村に案内した。いずれ総理になったあかつきには、栄村のような限界集落の不幸を最小にする政策を打ち出してもらうための、私なりの長期投資だった。もちろん、たった一人の訪問であり、秋山郷の相澤博文村議（当時）のひだまり荘でイワナの骨酒を酌み交わし、翌日は「田直し」「道直し」の現場を高橋彦芳村長（当時）の案内でじっくり見てまわった。紅葉が美しく、連れて行ったアメリカ人のインターンは感嘆詞を連発した。

地震が頻発する長野・新潟県境

その栄村に今、大震災や豪雪以上の暗雲が立ち込めている。震災見舞いの視察に訪れたのに、自分の村の被害をさておき、何人かの人が福島第一原発の行く末を心配していた。不思議だなぁと思っていたところ、その背後には柏崎刈羽原発への懸念があることがわかった。そうだったのだ。栄村役場は柏崎刈羽原発からわずか50㎞しか離れていない。それを聞いた途端、私は首筋に寒気が走った。福島第一原発の対応に追われていながら、故郷の原発の危険に思い至らずじまいだったのだ。

柏崎刈羽原発は２００７年7月の中越沖震災で既に事故を起こしている。耐震指針下で想定した「限界地震動」を超え、直下の岩盤で最大１６９９ガルに達し、想定の3・8倍となった。３号機の所内トランスで火災発生、６号機から汚染水が海水中に放出され、７号機から空気中に放射能が排出された。2004年にはM6・7の中越地震もあり、震度6強の2011年3月12日に起きた長野県北部地震と合わせると、3〜4年に1回は大きな地震が起きている。こんなに頻度が高く大地震が起こっている地域はあるまい。もともと日本は前述のとおり、四つのプレートの影響を受けているが、それが微妙に重なり合っているのが、有名なフォッサマグナ（静岡・糸魚川構造線）であり、長野・新潟県境地方である。この地域はもともと超地震多発地帯なのだ。

今は津波により冷却装置が動かなかったことが問題とされているが、その前に地震により重要設備が損傷することのほうが恐い。福島第一原発の1号機も地震で圧力容器や配管が損傷し、燃料の放射性物質が漏れていたことが明らかとなりつつある。

活断層だらけの柏崎刈羽原発

江戸時代の宝永の富士山大噴火（1707年）から浅間山の噴火（1843年）まで66年あるが、地震学では同じ期間ともいえる。つまり、ある期間に火山も地震も同時多発的に起こる。浜岡原発（静岡県御前崎《おまえざき》市）は今後30年間に大地震が起こる確率が87%で、停止となった。

柏崎刈羽には浜岡と違うタイプの大地震、すなわち活断層によるものが予想される。一つの活断層が動いて他の活断層を圧迫し、それがまた地震を起こすという可能性である。日本では数少ない石油の産地として知られているが、石油の出る土地は、地盤が軟岩で、ちょっとした圧力で粉々に砕けてしまう性質がある。地元では「豆腐の上の原発」と呼ばれている。近くの西山層はこの軟岩、他に真殿坂《まどがさか》断層、長岡平野西縁断層帯、気比ノ宮断層、そして佐渡海盆東縁断層と続く。

既に二度の大地震で、いろいろなところにダメージが残っているはずである。2007年の新潟中越沖地震は、想定した設計基準の2倍以上に当たる巨大な揺れだった。断層がちょっとずれたら局地的大地震となり、大爆発につながってしまうかもしれない。どうしてこういうことが想定できないのか不思議である。浜岡原発と同時に、柏崎刈羽こそ即刻廃止すべき原発ではなかろうか。

最近（2012年3月）、原発事故の民間事故調等で、水素爆発を予測しえなかったと、また批判されている斑目春樹原子力安全委員長は、「中越沖地震における原子力施設に関する調査・対策委員会」の委員長を務め、柏崎刈羽の危うい運転再開を主導した人である。私には原発安全神話リレーのアンカーと思われるが、学者の良心をかけて福島第一原発事故の後も、柏崎刈羽が安全といえるのかどうか決めていただきたいものである。まさか同じ結論には至るまい。

世界最大の原発基地柏崎刈羽

あまり知られていないが、柏崎刈羽のように一か所に原発7基というのは他に例がなく、821万kWの出力を誇る世界最大の原発基地である。ちなみに福島は第一と第二と合わせると900万kWになる。恐ろしいことに、柏崎刈羽に保有されているウランの量は、約10万京《けい》Bq以上で、広島型原爆の約1万倍以上の放射能があるといわれている。

アメリカは65か所に104基商用の原子炉があるが、一か所に最大3基までしかない。福島第一原発にみられるとおり、一つ爆発すると隣にもつながる恐れがあるからだ。作業要員も節約されており、緊急時の対応には不足する。日本は、適地とか活断層は考えずに、地元の了解を得られたところに次々に増設していき集中してしまった。特にスリーマイル島の事故以来、なかなか新規の原発の立地が認められなくなったことから、これまでにある敷地に増設する形にならざるを得なかったのである。受け入れ地方自治体も、交付金依存が癖になり、増設でまた……という悪循環が繰り返されてきた。

そのため、柏崎刈羽の1基が爆発したら、7基が一気に放射能流出をし出すという大原発災害も想定される。そうなった場合は、長野や新潟どころの話ではなく、日本中そして世界にも大災害をもたらすことになる。活断層、7基集中、2004年と2007年の2回の地震による欠陥、そして東電の隠蔽体質の4重の危機が重なっている。そら恐ろしい原発である。

栄村も飯舘村も風下の村

今後も悪さをしかねない前科者の原発が、過疎で困っている村の身近にあったのだ。自然災害は復旧できるが、原発災害は全く性格が異なり、汚染のひどい場所は住めなくなる。被災された村民が、飯舘村等の苦しい姿をみるにつけ、他人事とは思えないのは当然である。

前述のとおり、栄村は世界一の豪雪地帯である。冬、シベリア高気圧が日本海上の湿った空気を吸い込み、柏崎刈羽の上空をよこぎり、長野・新潟県境の山々にぶつかり大雪を降らせる。そのときに雪は空気中の放射能をたっぷり吸って降り注ぎ、近くの平地の何倍も汚染度が高くなる。福島第一原発の飯舘村の位置関係と全く同じなのが栄村だ。

放射能の汚染は、近いほどひどく、遠くになると距離の2乗で危険度が減少するとのことだが、それにも例外がある。風向き等により汚染濃度は異なる。そういえば、山のないウクライナでも、距離とは無関係の汚染土壌地図が描かれていた。そして、200㎞も離れたベラルーシにもホットスポットがあった。原発事故の被害は、設置市町村を超えて遠くまで及ぶ。

週1回発行の北信濃新聞は、2011年4月13日号1面で「放射線測定器の整備—飯山市原発事故への不安解消へ」という記事を掲載した。再稼働に向け、了解を得るべき地元は、周辺市町村も含まれるのが当然である。こうした不安にも東電、政府は対処していかなければならない。

柏崎刈羽原発も一刻も早く廃止すべし

2011年5月6日、菅総理は「今後30年以内に東海地震が発生する確率は87％」との予測を理由として浜岡原発の停止を発表した。これ以上停止を拡大させないなどと遠慮しているが、他の原発も危険だらけなのだ。

よく言われるように、東海・東南海・南海の3連動地震が起きた場合は、東日本大震災をはるかに凌ぐ被害が予想される。前述の平川教授によると、それぞれ100〜150年おきに発生しており、最後の東海地震は1854年（安政の大地震）で、既に150年以上経っており、いつ起こってもおかしくない。

火山・地震列島日本に原発適地はなし

1970年から2000年までの30年間、震度5以上は、英国で0、フランス、ドイツで2に対し、日本は3954回を数える。日本の面積は地球の0・3％、そこに世界の地震の10％が集中し、1㎢当たりの地震発生回数は、世界平均の130・5倍である。東日本大震災の余震域（青森県から千葉・房総半島沖の海域を中心とした南北約600㎞、東西350㎞）で起きた震度1以上（有感）の地震は、約1年で7224回（3月7日現在）を記録した。余震域外を含む日本全国では1万120回と1万回を超えた。

2001年以後の10年間は大体年間1255回前後であり、2011年はやはり突出していた。ただ、月別でみると3月の2320回から緩やかに減少してきており、2012年2月は182回と下がっている。

各地に原発が造られた20世紀後半の日本の火山は、歴史的にみると異常な静穏期だった、とは藤井敏樹東大名誉教授の指摘である。地震もさることながら、日本は世界の活火山の1割近い110の火山を抱える。それにもかかわらず、火山が原発を襲うことなど日本の原発の立地審査指針では全く想定されていないのではないか。津波の水に代わるのが、火山灰であり、非常用ディーゼル発電機のフィルターが詰まったらどうしようもなくなる。積もった灰の上は車がスリップして動かず、人も近寄れなくなる。日本はまさに地震列島、災害列島であり、原発適地とか絶対安全といえる場所はどこにも存在しない。

原発の寿命はきっかり40年で例外なし

論外な40年のあとの20年延長

環境省に原子力規制庁ができるのは、一歩前進である。当初、民主党内の議論を無視して「原子力安全庁」で突っ走っていたが、やっと規制庁になった。アメリカでも原子力規制委員会（NRC）と言われており、今までの数々の不始末をきちんと「規制」する役所にならねばならず、規制庁がいいに決まっている。日本ではここ十数年「規制緩和」が行政改革のたびごとに大手を振りすぎ、規制というと悪のように理解されてきた。無用な経済規制は問題あるが、環境とか安全はきっちり規制しないと守れない。これを転機に、規制行政の見本を示してもらわないとならない。

２０１２年４月の発足に向け、法案が準備されていた。しかし、細野原発相も、1月31日の記者会見で、既に40年を超えているものの再稼働はありえないと言っていたものが、突如追加の20年がくっついた条文となっている。国民にも経済界にも両方にいい顔をしようとする癖がこういうところで出てきてしまう。あれだけの事故を起こしながら、まだこれだけ産業界におもねて、安全性を平気で無視する国も関係者もいまい。これでは、完全な焼け太りである。信じ難い法律である。ドイツは32年で例外なく廃炉にしていく。40年前の技術と今は違う。例外を設ける分野ではない。

これは、アメリカが１９９１年にＮＲＣの規則により、原発の寿命を40年から更に20年延長して60年にできるとしたことにならったのだろうが、地震の少ない国と同じ基準はありえない。アメリカでは科学的根拠よりも経済性からはじいたといわれている。英・仏は10年ごとの安全評価で決め、ベルギーは法律で40年と決め、スペインはサパテロ首相が40年で閉鎖する方針を決めている。

それを大事故を起こしながら、60年などといっているのは、どうみてもまともとは思われない。国会審議がどうなるかしれないが、私にはこのまますんなり通るとは思えない。民主党の部門会議で何度も議論を聞いたが、少しも合点がいかない。産業振興策などは柔軟性が必要だが、安全のために規制措置は曖昧は許されず、ましてや例外などあってはならないことである。

福島第二が事故にあわず第一が事故になった理由

福島第一原発は1号機が40年を超え、他もみな30年を超え古かったのである。1号機は何度も部品を交換してつぎはぎだらけの状態になっていたのである。つまり、人間でいえば何回も入院して手術を受けて辛うじて生きながらえた高齢者だったのだ。それに対し、第二は新しい原発であり難を免れた。

古い第一が不始末をしでかしたというのに、その反省がさっぱりみられず、最大60年とは聞いて呆れる。2010年3月、東電は60年運転可能という「技術評価書」を国に提出、保安院がそれを受けて、11年2月7日に、今後10年間の運転継続を認めていた。そのツケが今回そのまま出てきたのだろう。いくら地震でなく津波が原因だと言い張ったとしても、古いのは傷んでいるに決まっている。原発銀座と呼ばれ、地震の多い福井県には全国最多の13基あり、2基が41年で、6基が30年を超えている。言うことが二転三転する細野原発相の発言に振り回される福井県民は、とても落ち着いてはいられまい。

人間も齢を重ねるのと同じく、金属機材は必ず劣化する。原子炉は、常に中性子線被曝を受け「照射脆化《ぜいか》」により弱くなっていく。何事にも寿命がある。福島の10基を除くと、30年超えが15基、そのうち2基（関電美浜1号機、日本原電敦賀1号機）が40年を超えている。ドイツの32年より長いが、40年前なら40年と決め、廃炉の工程表を作り、それを見越して再生可能エネルギー

原発の運転年数

設置者名	発電所名	年齢	月
日本原電	敦賀1号	42	0
関西電力	美浜１号	41	3
東京電力	福島第一１号	40	11
東京電力	福島第一２号	37	8
関西電力	高浜１号	37	4
中国電力	島根1号	37	11
九州電力	玄海１号	36	5
東京電力	福島第一３号	35	11
関西電力	美浜３号	35	3
四国電力	伊方１号	34	5
東京電力	福島第一４号	33	5
東京電力	福島第一５号	33	11
日本原発	東海第二	33	3
東京電力	福島第一６号	32	4
関西電力	大飯１号	32	11
関西電力	大飯２号	32	3
四国電力	伊方２号	30	0
九州電力	玄海２号	30	11
∫	∫	∫	∫
北陸電力	滋賀２号	6	0
北海道電力	泊３号	2	3

運転開始から40年で廃炉にしたときの日本の原発の発電能力

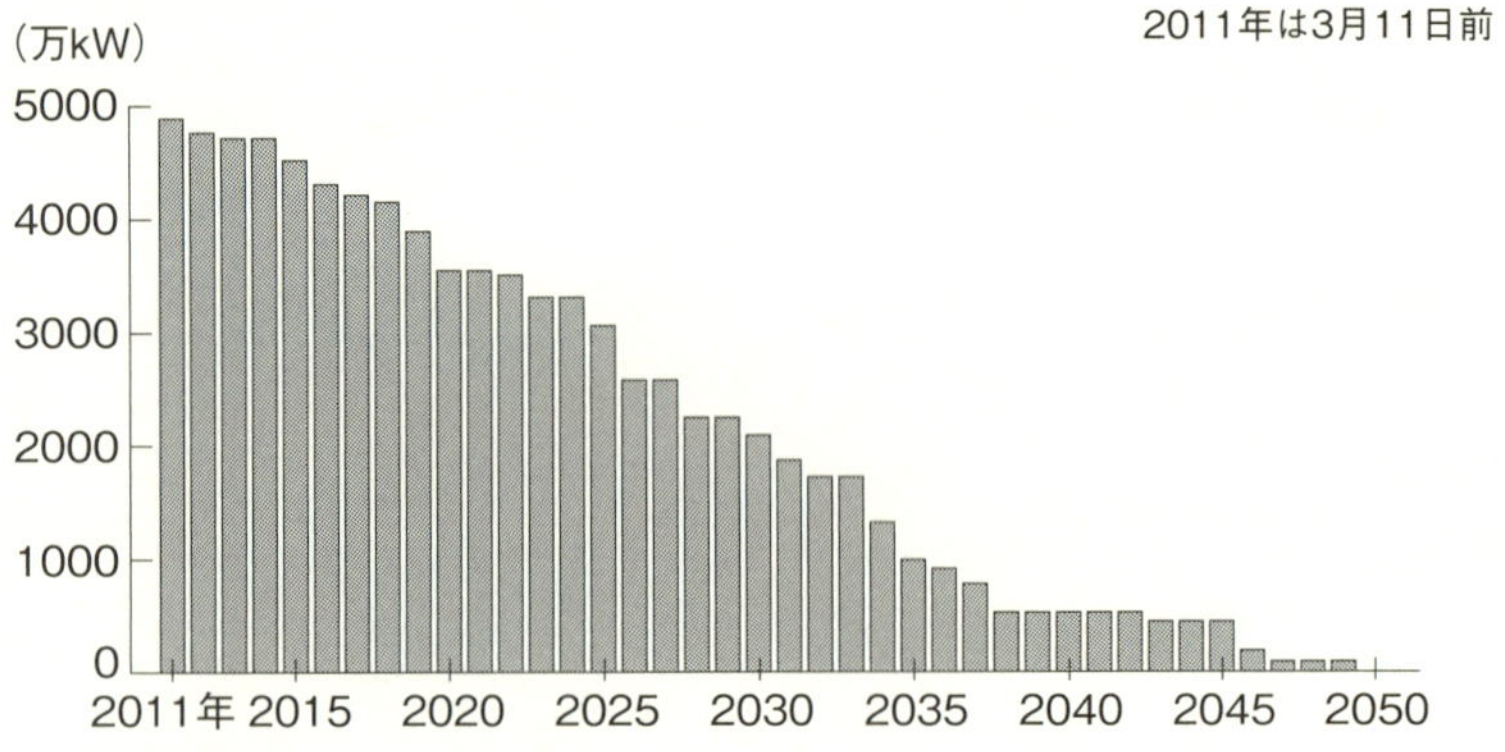

注：朝日新聞(2012.1.7)より

への転換を急ぐしかない。それを「冷温停止状態」とか「老朽化」を「高経年化」、「汚染水」を「滞留水」といった言葉のごまかしをして、何とか長寿命化を図ろうとしているのは、とても見ていられない。

40年の寿命がきたら廃炉が順当

私は、前記の環境部門会議で、私が齢の割には若いからといって定年を20年延ばせるのか、と嫌味な冗談を言った。すると、最新の知見を技術基準に入れることを義務付ける、バックフィット制度を導入するから延ばしてもいい、と言い訳する。車検は新車でも3年後、その後は2年ごとだ。飛行機は毎度点検を義務付けられている。そのほかの安全関係機器もかなり短い期間で更新が義務付けられている。原発は他の危機と比べれば、桁はずれの巨大なリスクが伴う。それなのに、今までの検査も疎《おろ》そかにして、寿命を設けろとなったら40年という長いものとなった。しかも、20年も延長できるとなると、とても国民感情にはそぐわない。

原発は福島事故の例を待つまでもなく、危険の度合いが他とは異なる。ドイツは32年の寿命がきたら徐々に廃炉にしていくというのに、日本の原発行政は、福島後もズレている。何万人もの避難者をだし、今後も何十年も何万人をも苦しめるかもしれない原発に対して、あまりにも緩い規制である。２０３０年には、3分の2が40年を超え役割を終える。２０５０年には一番新しい泊原発も寿命となりゼロになる。日本もドイツにならい、脱原発の道筋を示していくべきである。

6章

世界の脱原発に学ぶ日本の脱原発

誤りだらけの原発神話

原発の一般的な功罪についてはどこでも論じられているので、私が改めて触れるまでもないと思うが、簡単に述べておく。

原発は安価ならず

まず、原発のもう一つの神話「安価神話」も、もう二度と言わせてはならない。

スリーマイル島の事故直後に、室田武は、原発建築費も高いゆえに、廃棄物処理がコストに全く入っていないので原発は安いなどとは言えないと指摘した。スリーマイル島の事故前にアメリカで原発がよく造られたのは、第一に核燃料費のうち、最もウエイトの大きいウラン濃縮費について、軍事施設で行われていて安上がりなこと、第二にプライス・アンダーソン法により、原子力事故の場合に事業主体が民間の保険を通じて負うべき損害賠償責任額が、ごく小さく抑えられているからだった。その後、この二つの条件に変化があり、他と比べてコスト高になり、アメリカで原発が造られなくなった（『エントロピーとエネルギーの経済学』東経選書）。

ところが、長らく政府も電力業界も一切正式なコスト比較を示してこなかった。大島堅一立命館大学教授がコスト計算をし、原発は10・25円、火力が9・91円、水力3・91円としているが、今回の補償額を入れたら、バカ高くつくことだろう。それを日本の役所や電力会社が計算すると、5~7円/kWhと一番安くなる。最近（2011年末）、「コスト等検証委員会」は、原発の発電コストを最低でも8・9円/kWhとした。今までの1・5倍となる。

これが事実でない証拠は、何事も経済効率を優先するアメリカで、スリーマイル島の原発事故後、2012年まで新規建設が一つもないことである。日本以外は、いわゆる発送電分離で、発電会社（送電会社）はあちこちの発電所の電気を買うので、高い原発は使わなくなった。そのため、原発に投資する意味がなくなり、新設されなくなった。

もう一つ嫌味を言えば、安い原発が発電の3分の1を占める日本が、なぜ世界一電気料が高いのだろうか。原発に頼りすぎ、火力や水力をないがしろにしているから、高くついてしまっているともいえるのではないだろうか。

日本は降雨量が1800㎜と世界の平均の3倍、山ばかりで高い落差（位置エネルギー）もあり、各地で小水力発電を行えば、相当な量になる。また森林がフィンランドに次いで世界第2位の日本は、バイオマス資源にも恵まれている。火山国であり地熱発電も計算しただけで原発23基分に相当する発電能力がある。ここに各国が既に相当進めている風力、太陽光も加えれば、原発のコスト高は歴然としてくるだろう。

原発をやめれば経済成長が止まりやっていけないと、経済界なり経産省はまことしやかに言い訳する。それでは、ドイツは脱原発で経済成長をあきらめたのか。そんなわけがない。1974年のオイルショックで日本は省エネ・排ガス規制等に進むことになった。日本経済の適応力は高く、そこから日本の自動車業界は排ガス技術でも世界の最先端をいくことになった。電力の世界でも同じで、脱原発で再生可能エネルギー産業を世界の最先端にできるのに、原発に安住して、力を入れてこなかっただけだ。大きな政策ミスをし、それをいまだ修正できないでいる。

日本の恥部の一つ原発労働

ここでコストに絡んで「原発労働」の特殊性について触れなければならない。解雇がない年功序列、組織への忠誠心と終身雇用、これは20年前の日本の雇用形態だったが、今や非正規雇用者が全体の3分の1近くにもなり、1700万人を超えている。そのひずみが、端的に表れているのが原発の労働者である。

福島第一原発から800人の作業員が撤退するなか、50人が残り、海外の報道は「フクシマ英雄50人」と称えた。チェルノブイリでエストニア予備役兵士が自らかけつけた英雄と称えられたと同じである。しかし、実態は、下請け、孫請け、ひ孫請けと「人夫出し」（単純労働の斡旋をして利益を得る者）と、上から数えると四次下請けまである異様なものである。元請け26社、下請け約500社もある。複雑な派遣構造のために、暴力団の介入も排除しきれないといわれる。東京電力から一番の元請けに払われる日当は7万～10万円だが、労働者自身の手に渡るのは1万円を割る。雇用保険等の社会保険にも入っていない。ただ、危険作業ということで、実労時間が午前2時間、午後2時間ぐらいしかなく、一度原発で働くと普通の職場には戻りにくい、という実態も浮かび上がってくる。線量管理を行う放射線管理手帳も持っているが、事故後はともかく人手不足で、誰でもいいから働いてくれという状態になった。

プリピャチに集まった原発作業員は、ソ連中から集められたいわばエリートである。平均年齢26歳、若い世代であった。日本は、経費節約で1日ぐらいの研修で仕事に入る。あとは経験を積んでいくだけである。通常は、地元の人が中心で、問題もそれほど生じないが、大事故の場合は、地元の熟練作業員の多くは避難し、全くの素人が大金を目当てに集まってきているようだ。

3月24日、二人の作業員が汚染水にくるぶしまで浸かるという象徴的な事故が起きた。緊急作業時の皮膚被曝限度は1000mSvだが、それを超す2000mSv以上の大量被曝をし、病院に搬送された。線量計は鳴っていたが、故障だと思っていたという。下請け作業員であり、教育・研修を受けていない。恐ろしいことである。

また、そこそこ教育を受けて放射線管理区域で働く労働者は、原発は厳重防護され安全であること、事故など起きないこと、被曝量は少なく健康には問題がないことなどが吹き込まれて、九州電力玄海原発（佐賀県玄海町）のやらせメール事件ではないが、原発容認の世論づくりの手助けをしてきている。中間搾取があっても仕事を失いたくないという切なる願いから、自分たちの労働条件の改善を求めて立ち上がる作業員はいなかった。大電力会社は使用者としての責任を負わない間接雇用の使い捨て労働に胡坐をかいて、利益を優先してきたのである。

原発作業には教育・訓練を受けた正社員が必要

2～3か月の定期検査の短時間だけが、大量業務が必要という流動性もあり、被曝の上限を超えた労働者にそれ以上従事させられないため、必然的に人海戦術となり「使い捨て」になってしまう。しかし、安全確保のためには、必要なコストである。こんなことをケチって原発が安いというのはもってのほかである。直接雇用の正社員にしたら原発コストはもっと上がる。

原子力安全基盤機構によれば、全国で働いた電力会社社員は延べで約9000人、下請けの企業の社員は7万4000人、被曝線量の99％以上に下請けの職員が絡んでいる。この構成は原発が始められた1970年代から本質的には変わっていない。労働組合は強力な電力総連はあるが、本社のまわりの労働組合であり、下請け時の労働者のことは考えられていない。原発産業は巨大な装置産業であり、それぞれの専門分野の技術力のある企業に請け負わせる以外にない事情もあるが、それにしても、この労働形態は日本の恥部の一つである。

7章の外国への「死の灰商人」も、日本の大恥であるが、このむごい原発労働の実態はあまり表に見えてこない、隠された恥である。作業員は機密保持の名のもとに箝口令を敷かれているのが、表に出てこない一つの理由であろう。

元請けに支払っているのが10万円で、5次下請けの労働者に8000円しか払われていないとしたら、東電の正式の社員としたほうが安いのではないかとも思えてくる。随所で述べているが、原発関連の仕事は、ごく一部の管理部門の仕事を除けば作業が集中する季節労働であり、天候に左右され、農業と同じく常雇に向いていないのはわかる。かといって、かなりの専門性が必要である。こうしたことを勘案すると、原発は民間では無理であり、廃炉までの間は国が管理していく以外になく、私は自衛隊に任せるしかないと思っている。

「原発がクリーン」は「詐欺師の方程式」

次に、原発はクリーンエネルギーという通説。これはあまりにも欺瞞に満ちており、反論するのも馬鹿馬鹿しいが、少しだけ述べておく。

90年代、特にブラジル、リオデジャネイロの環境サミット以来、地球温暖化が問題視され、CO_2の排出を抑えるため、原発はクリーンエネルギーと突然言われだした。火力発電に比べCO_2を排出しないのは確かだが、それよりもずっと恐ろしい放射能汚染があるというのに、何でそんなことがいえるのだろうか。藤田祐幸は、これを「詐欺師の方程式」と呼んで糾弾する。

環境問題を少しでもまじめに考えた人ならすぐわかることである。なぜならば、食品を通じた体内被曝からわかるとおり、放射能汚染こそ最悪の環境汚染であり、放射能こそ危険な毒物だからである。

まやかしの原子力発電依存30％

3番目に、30％論にも反論しておかなければならない。

原発の欠陥として、一度発電しだしたらおいそれと止められず、かつ出力も調節できないため、ずっと同じ発電量となることがあげられる。夜の電力が余ってしまうので、かつては、夜間電力でお湯をわかしましょうなどということもいわれていた。そのため、揚水発電などというややこしいことが必要となってくる。こんな調整のきかない原発は、やらないほうがいいし、フランスのように7割も原発に頼るとなるともっと融通がきかなくなってしまい、ピーク時には輸入せざるをえなくなっている。

一方、調節できる水力、火力は、変動部分に合わせて補助的に使われる。だから必然的にベース・ロード用電力の原発稼働率30％を維持するため、他の電力は稼働率を下げているのが日本の実情である。

２００３年、東電の資料改ざんが露呈したため、福島、新潟の原発17基すべてが停止した。同じように甲子園の高校野球もあったが停電は起こらなかった。となると、３・11後のＪＲや地下鉄の間引き運転や運休は、一体何だったのか疑問が湧いてくる。なぜかというと、電車を動かす電力は僅か２～３％にすぎず、停止させる必要など全くないと思われるからだ。原発がないと戦後の生活に戻らざるをえないと脅されるが、どさくさに紛れて悪巧みをしているのではないかと疑いたくなってくる。

それが功を奏したのだろうが、事故直後の世論調査では、驚くべきことに原発が必要だという人が最も多かった。ドイツでは1か月後に26万人もの反原発デモが行われているというのに。日本人は便利な生活は損われたくないと思っていたのだろうか。相当多くの都市住民は、通勤の足が奪われることに怯えて原発が必要と勘違いしたとみるのが妥当だろう。その証拠に、その後の惨状を知り、また、政府・東電の嘘発表により不信が募り、脱原発が相当増え、過半数を超えるに至っている。

２０１１年夏も２００３年同様に、原発の稼働が少なくなったが、真夏のピーク時でも火力・水力をフル稼働し、節電したら乗り切れたのである。そして、２０１２年1月　東電の福島第一、第二と柏崎刈羽の1基以外の16基の原発が止まっているが、何も問題が生じていない。3月にはその1基も定期点検に入り、東電のすべての原発が止まった。そして、4月末にはすべてが止まり、夏のピークを迎えるが、そのときにもまた日本は原発なしでも十分にやっていける国であることがわかるだろう。政府部内の原発推進を画策する者は、供給力をわざと過小評価し、再稼働の必要性を強調しているが、そんな姑息な言い分は通用しまい。

用意がよすぎる電車の運休や間引き運転

2章に述べたとおり、東日本大震災後、食料は被災地でも不足しなかった。それに対し、ガソリンは1か月以上供給不足が生じた。

それよりもっとひどいのが、電力である。いや節電は数日だけで、それ以外はずっと供給し続けているという。それではこれまで1日でも食料が足りなかったり、石油が足りなくなったりしたことはあるか、ないはずである。日本では食料も石油も電力も間断のない安定供給は当たり前のことである。それを大震災とはいえ、何日も計画停電というのは仰々しすぎる。電力を独占して任されている分、超安定供給が義務だという自覚が足りないのではなかろうか。

それだけ用意周到なら、原発の事故防止にこそエネルギーを費やしてほしいものである。それを手を抜いておきながら、いかにも大袈裟に電力不足を演出するのは、いかがと思う。

常日頃から経産省も電力業界もエネルギーのベストミックスと言っているではないか。原発が動かないとなったら、すぐに他の供給先すなわち火力への転換をなぜしないのだろうか。私には不思議でならない。原発の建設に金も時間もかかるが、天然ガスなり石油の発電はそれほどかからない。事故への対応の危機管理がほとんどできていないことが、ここでも露呈している。原発の再起動にばかり血眼になるのはどう見てもおかしい。

日本の脱原発シナリオ

考えられる日本の選択肢

日本の原発をどうするのか。答えは明らかだと思う。脱原発の大方針のもと、何年までに原発を廃止するかを明確にし、その間に再生可能エネルギーへの転換に全力を注いでいくべきである。移行期にエネルギー源を石炭・石油から一時的に液化天然ガスに移行するのもありうるし、CO_2の排出を抑えるため、最終的にはなるべく省エネルギーに努めながら、エネルギーをあまり消費しないリサイクル国家、循環社会を目指していくべきだと思っている。今を生きる我々は、将来世代への責任として、これ以上地球を、そして生命を傷めつけてはならず、この「世代責任」は、金勘定で借金のツケを回さないことを旨とする消費増税よりもずっと重い。

考えられる選択肢を示すと、以下のようになる。

（1）すべての原発を即刻停止し廃炉にする。これは脱原発を主張してきた人たちが一番すっきりするのであろう。

（2）次に、それはあまりにも極端すぎるということで、福島第一原発と同じく、津波により冷却ができなくなる恐れがある原発は廃炉する。東京電力も地震では壊れていないというが、津波により思いもかけず冷却ができなくなったといっているのだから、地震に伴う津波により冷却装置が働かなくなる恐れのある原発は総点検し、危ういなら再稼働することなく廃炉にしていく。

（３）２００７年の中越沖地震では、辛うじて大惨事にはならなかったが、日本にはあちこちに活断層がある。活断層の上にあり、地震で崩壊する恐れのある原発も廃炉にしていく。すでに地震で圧力容器などが崩壊し、メルトダウンが始まっていた恐れもあるという小出裕章や他の反原発を主張する人たちの指摘に従うべきである。浜岡や柏崎刈羽や大飯がこれに当たるのではないか。この考えに立つと、地震の恐れのある日本の原発は、いずれすべて廃炉ということになる。

（４）今定期点検中で停止中のものは、それこそ念入りに検査し、今までに技術的に問題を起こしたものや隠蔽問題を起こしたものは、よほどでないかぎり廃炉にしていく。つまり、原則廃炉で例外再稼働である。柏崎刈羽原発などがこれに当たる。

（５）新設はせず、40年の寿命が来たものは確実に廃炉していく。その限りでは定期検査をし、再稼働は認めていく。ドイツはこの方式であり、32年できっかり廃炉にしていくと計算されており、すべてが32年を迎える２０２２年末に原発全廃になる。これを日本にあてはめると、最も新しい泊原発が40年を迎える２０５０年に全原発が廃止される。

（６）このままいくと、２０１２年４月をもって稼働する原発がなくなる。それではせっかくの原発施設がムダになってしまい、あまりにひどいということで、40年未満のものでも定期テストやストレステストを完全にクリアしたものだけは再稼動し、40年で廃炉していく。これは、いくら再生可能エネルギーやLNG発電で代替えしていくといっても、2012年夏には間に合わず、電力不足に陥る可能性があるので、使えるものは使うという、（4）とは逆の原則稼働、例外廃炉という現実的な対応である。

しかし、これには範囲を大幅に広げた地元の理解が得られるように相当厳しい安全基準を設け、それをクリアしていくことを明確にする必要がある。ただ寿命に例外を設け60年も認めるというのは最悪で、何のための40年かわからない。

（7）かなり危険であり、また稼働の見通しがたたない核燃料サイクルもんじゅは停止するが、他の原発はできるかぎり再稼働していく。必要とあらば新設も認める。原発推進派が思い描く姿であろう。

（8）これに対して、もんじゅについて全く逆の考えがある。他の原発は徐々に廃炉していくが、核兵器の潜在能力を確保し、それを抑止力として使うためにも、核燃料サイクルもんじゅだけは続ける。これはかなり危険な考え方ではあるが、こういうことを考えている人たちがあっても仕方ないと思っている。正力松太郎、中曽根康弘がやたら原発に熱心だったのは、まさにここに原点があったからであり、もんじゅはその延長線上にある。

（9）原発の推進。原発に頼る以外に、日本は生きていけないので、核燃料サイクルはもちろんのこと、一般的な他の原発も引き続き推進していくという考え方である。

（2）から（6）あたりが妥当であり、（5）ないし（6）が現実的である。ただ、再稼働は国だけで決めては地元自治体に失礼であり、地元との関係には相当配慮しなければならない。その際の地元は、飯舘村のように放射能で汚染されるおそれのある市町村にも範囲を広げ、説明の対象に加えなければなるまい。なぜなら、交付金をもらっている地元中の地元だけだと、歪んだ了解になることがみえみえだからだ。国民は、原発をずっと安全だと言い続けてきた電力会社も政府も信用していない。地震も津波も大丈夫だといっていながら、重大事故を引き起こし、故郷を追い出したのである。信じろと言っても無理な話だ。まずは、地震と津波の規定の全面見直しは必要であり、事故が起きた場合の対応等、新しい評価も必要である。

世論調査に表れる日本国民の健全な判断

原発事故後1年経った2012年3月10日、11日　日本世論調査協会が全国面接世論調査を行った。約1年前は、交通網が止まったことから原発について維持すべきという者が上回ったが、政府、東電の数々の隠蔽、嘘に疲れてか、原発に見切りをつけた結果となっている。脱原発に「賛成」（44％）、「どちらかといえば賛成」（36％）と合わせ80％にのぼる。男女差・年齢差もほとんどなく、国民各層がおしなべて長期的には原発をなくすことを考えている。増設方針に対しては「方針通り進める」（6％）と「新・増設はしない」（66％）と大差がつき、明らかに原発にはノーの意思表示をしている。一方、「電力需給に応じ、必要な分だけ再稼働を認める」（54％）

と短期的には現実的な対応をやむをえないとしている。私の分類でいうと（5）に当たる。

また、現在の福島第一原発へ何らかの不安を感じる者は92％、他の原発も88％と、２０１１年末の政府の事故収束宣言が国民に安心感を与えるには至っていない。ただ、電気料金の値上げについては、受け入れ容認48％、受け入れられず51％と完全に拮抗した。食品の安全性については、「ある程度気にしている」（67％）、「あまり気にしていない」（36％）と関心の高さがうかがえる。

また、問題の原発輸出については、「反対」「どちらかといえば反対」が61％と「賛成」「どちらかといえば賛成」の32％の倍となり、国際的にも慎重に対応するべしとしている。

こうしてみると、政府の対応が歪んでいるのであり、日本国民はドイツ国民と同じ方向を是としていることが透けて見えてくる。ただ、行動を起こさず、ずっと黙って見守っている点が違うだけである。福島県民も日本国民も、政治家よりもはるかに日本の将来を憂えて、賢い判断をしている。願わくば、世論調査の声だけではなく、声を上げて行動してほしい。ドイツの方向転換は、メルケル首相の剛腕もさることながら、３・11後の26万人デモなど市民の声で成し遂げられたのである。

野田政権も消費増税ばかりにうつつを抜かさず、しっかりと民の声を聴いて政策を実行していかなければ国民に見放されてしまう。原発の将来同様心配である。

ストレステストは、廃炉の順番を決めるテストとする

２０１１年7月菅総理の一声で、ＥＵが福島第一原発事故を受けて導入したストレステスト（安全検査）を、日本でも定期検査で停止中の原発を再稼働させる条件に導入した。

後述するとおり、ドイツは、すべての原発がストレステストで問題にならなかったにもかかわらず、停止中の8基はそのまま停止し、他も稼働年限の32年に達した順に廃炉にし、２０２２年までに全原発を廃炉にすることにしている。つまり、ストレステストは再稼働の条件でもなんでもなく、その原発が安全かどうか見極めて改善する目的のものであって、パスすればよいというものでもない。日本はそれを再稼働の条件として使わんとしている。

日本では二次評価とやらもつけて関係する3閣僚と首相が政治判断する、といった格好づけがなされ、再稼働の筋道をつけることに必死なことがうかがわれる。しかし、今まで何度となく安全評価をしてきた上での福島の事故である。

今まで満足に役割を果たしてこなかった原子力安全・保安院が妥当とし、原子力安全委員会が了承しても、国民も地域住民もそんなことには騙されないだろう。今までの安全審査が全く不備だったから、大惨事に至ってしまったのである。

２０１２年3月末現在、泊の3号機しか稼働しておらず、このままいくと4月末には稼働中の原発がなくなってしまう。そこで政府は大飯や伊方の原発の再稼働を急がんとしているが、暴走

であり、国民からも世界からも顰蹙を買うことは必至である。

そもそも、政府、東電は津波で事故が起きたのであって、地震では起きていないと言い張っているのであり、地震でどれだけ壊れたかも検証しようとしていない。反対に、この期《ご》に及んでまだ、そこまで安全を追求したら、コストがかかってやっていられないと言い訳している。原発は、自動車事故や航空機事の墜落と被害の度合いが違う。失敗は許されない。政治判断の前に、地震や津波に対する科学的判断が必要である。そして、後者が優先されなければならない。

「脱原発」への賛否

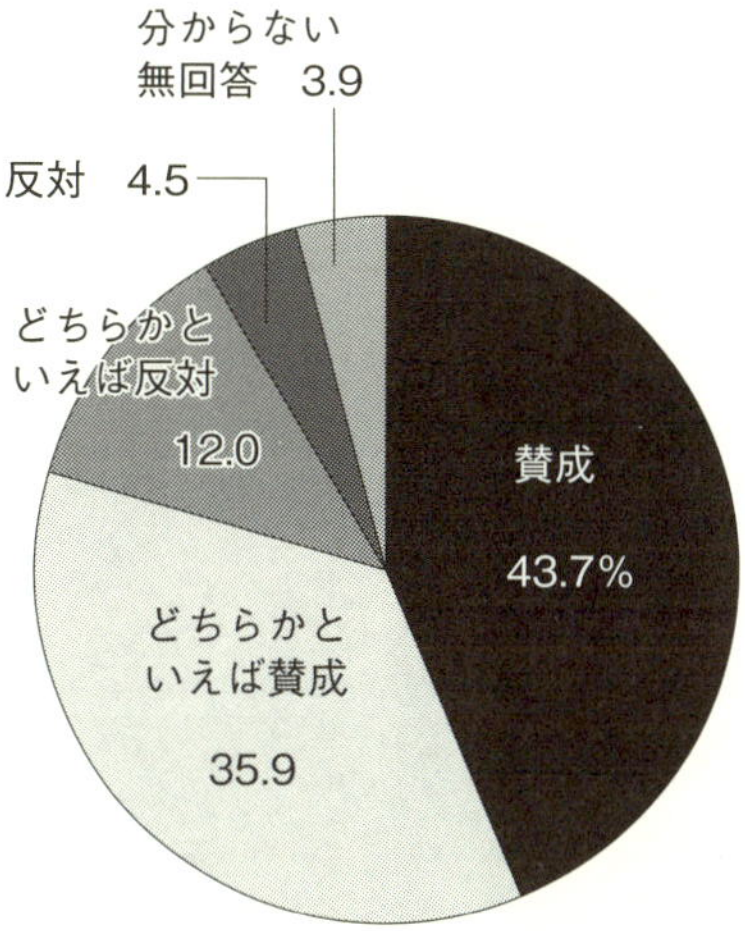

注：2012年3月世論調査より

食品の安全規制は500Bq／kgから100Bq／kgに強めた。科学的に判断した結果である。異論があるが、放射能汚染という現実を前にして、襟を正して進めなければならない。それではストレステストは、具体的に一体何を厳しくチェックしたのだろうか、何一つ見えてこない。事故が起きた後の放射能汚染された食品の安全規制を強める前に、本家本元の原発の安全規制を強めなければ意味がない。

ストレステストには割り切りが必要である。目的は再稼働を決めるのではなく、どの原発がどれほど危険かチェックし、再稼働できないものを見定めていく検査と割り切るべきである。つまり、徐々に廃炉にしていくこととし、今廃炉にする（再稼働せず）か、ひとまず安全なので再稼働するか、何年か後に廃炉にすると決めるための検査と位置づけることだ。ストレステストがすんだからといって自動的に稼働するのは、もってのほかである。

隣国韓国との送電網整備とロシアとの天然ガスパイプライン

電力エネルギー関係で国際的に手を打つとしたら、原発輸出などではなく、隣の韓国との送電網をつなぐことが考えられる。海底ケーブルでつなげれば僅か230㎞に過ぎない。ドイツが思い切って脱原発できたのは、フランスから電力を輸入しているからだといわれる。フランスも融通のきかない原発でピーク電力を賄えないときにはドイツから輸入しており、いざというときは融通しあうという国際関係が確立している。貿易ですっかり相互依存関係ができあがっているのであり、電力に広げてもおかしくない。

もう一つ隣国で考えなければならないのはロシアのサハリン沖の天然ガスだ。私は2006年の夏、民間団体主催の安全保障フォーラムで、袴田茂樹青山学院大教授、西原正防衛大教授等とともにサハリンに1週間滞在し、北方領土問題や日ロの安全保障問題について議論した。そのときは三井物産と三菱商事の二大商社がLNG開発に参加しており、順風満帆であったが、その後、ロシアにエネルギー・ナショナリズムが起こり、日本の思い込みははずれている。しかし、今アメリカではシェール・ガスの発掘が本格化し、天然ガスの相場が05年のピーク時と比べ、4分の1近くに下落している。イランを巡る中東情勢いかんにもよるが、このままいけばロシアの欧州向けガス輸出は縮小し、輸出先として日本を重視せざるをえなくなる。日本にとって、輸送コストと輸入先国の多角化を考えると、メリットが大きい。

これを機会にロシアとの天然ガスのパイプライン、あるいはもっと言うならば、宗谷海峡を隔てた送電網をセットするぐらいのエネルギー外交の転換があってもよい。おりしも、大統領に復帰したプーチンは、北方領土問題を持ち出し「引き分け」と柔道用語を使って、日本へシグナルを送っている。この中に、原発停止で新たなエネルギー源の必要性に迫られている日本に手を差し伸べる用意がある、という重要な意味も含まれているはずである。個人的親交のある森喜朗元総理を特使にして事を進めれば、案外早く実現するかもしれない。

こういった大胆な発想をしていかなければ、日本のエネルギー問題は解決していかないのではないか。いつまでも原発にばかりこだわっていたら、日本の風土は汚染されるばかりである。

福島と同じ事故はもうご免だ

3・11後、世界は原発維持・導入と脱原発の二つの路線にくっきりと選り分けられた。核保有国（米、ロ、中、仏）と発展途上国は前者であり、非核保有の先進国（独、伊、スイス、ベルギー、オーストリア）は脱原発に乗り出した。インドも前者に属する。

しかし、原発にはウランの採掘に伴う現地労働者から現場の作業員まで被曝の危険が伴うという人道的問題がある。輸送に伴うまさかの危険もあるし、テロの問題もある。そして、原発の最大の欠陥は言うまでもなく、放射能を出すことである。原発の操業に伴う放射線漏れや海洋汚染もある。原発ができて100年経っていないのに、スリーマイル、チェルノブイリ、福島にみられるように巨大事故は防ぎようがなく、多くの人の健康が犠牲になっている。

日本で地震や津波が起こってもびくともしない体制はできるはずもない。原発事故は、米、露、日という先進国で起きたのであり、将来は他のどの国でも起こりうるのだ。やれ外部電源は守られる、外壁は完璧で津波にもびくともしない、使用済み核燃料貯蔵プールも頑丈にしたと希望的な見通しがいわれるだろうが、日本人を納得させられない。日本では1979年のスリーマイル島事故、1986年のチェルノブイリ事故、1999年の東海村臨界事故と3度の大事故のたびに反原発運動は盛り上がったが、いずれも尻すぼみに終わってしまった。原子力ムラの総反撃があったからだが、今度はそれを許してはならない。

きっぱりと原発を諦めて別のエネルギー源に転換していく以外にない。

日本こそローカル・クリーンエネルギーを実現

もう20年前、30年前になるが、『ソフト・エネルギー・パス』（エイモリー・ロビンズ、時事通信社）を熟読したときに、ローカル・クリーンエネルギーの代表として、風力や太陽光とともにバイオマスや小水力も同列に扱われていた。

ちょっと考えればわかることであるが、再生可能エネルギー発電の初期の投資額は大きい。しかし、今金利が非常に安くて、他に投資する先がないので、その点では有利なはずである。それから、風はどこでもそこそこ吹いている。太陽光も南欧と比べると劣るかもしれないけど、北緯35度前後なのだから、北緯50度を越える近辺の英仏独よりもずっと恩恵に浴している。また、日本はフィンランドに次ぐ森林割合を誇り、降雨量が１８００㎜もあることから、木が早く育ち、木質バイオマス資源には事欠かない。また川は水量が豊富で山ばかりで、位置エネルギー（落差）を活用する小水力発電の適地ばかりである。地震で原発適地がないのと正反対なのだ。

原発は、１kW／hが5~7円で発電でき、コストが安いと言われるけれども、使用済み燃料の対応、あるいは今回の事故の補償等考えたら、バカ高くなる。それから今後のことを考えたら、こうしたことを起こさないために安全基準は高くするだろうし、運営コストも高くなり、自然エネルギーのほうが有利になっていくのは目に見えている。それよりもなによりも、雇用の確保が大問題になっているけれども、自然エネルギーのほうがより人力を要することになり、確実に雇用が拡大する。少なくとも、地域分散、ローカル・クリーンエネルギーは、地方になければならず、地方にお金が落ちることになり、地域の活性化にもつながる。

農山漁村地域は、ローカル・クリーンエネルギーの振興で活性化を図ることも可能なのだ。

２０１１年秋の毎日新聞の世論調査で「生活程度は低くなっても電力消費を少なくすべきだ」

との回答が65％にのぼった。政府と東電が一体となって原発が再稼働されなければ大停電がすぐにも起きるかのように言いくるめているが、国民はもはや信用していない。脱原発は、一部の過激な人たちの言うことではなく、ごく普通の日本国民の声となったのである。国民の声を汲み、再生可能エネルギーに転換していくのが王道である。

脱原発は世界の潮流

ドイツの木材工場の太陽光発電

再生可能エネルギーの可能性について、原発推進の人たちは、再生可能エネルギーなど小さくて、とても原発のエネルギーには太刀打ちできないという。しかし、本当だろうかと常々思っていた。日本ではもんじゅとか先のわからない危険な原子力エネルギーの開発に、既に2兆円以上が使われている。日本は風力、太陽光、小水力、バイオマス、地熱、海洋温度差、潮流といった再生可能エネルギー・自然エネルギー等の開発・研究に一体どのくらい力を注いできたのだろうか。政府はほとんど熱心に取り組んでこなかったのではないか。

例えば、太陽光発電は、10年前は日本の技術が非常に優れていたといわれる。他の国が日本の太陽光発電の仕組みを導入して、太陽光による発電を増やす中、日本はさっぱりその後増えていない。今やドイツ、中国等が熱心に取り組み、日本をはるかに凌いでいる。地熱発電も同様である。

私が、このことを考えさせられたのは2007年、菅代表代行（当時）とドイツの黒い森・シュバルツバルトを視察したときである。約1週間、貸し切りバスで日本人に一人も会わず、ドイツ南西部の「環境首都」「太陽光の街」フライブルグの周りの森林地帯を、伐採現場、林業関係の大学、建設現場、製材工場等次々に視察して歩いた。建設現場でも製材場でも半径50㎞以内で育った木を使っているということを頻繁に聞いた。木の「地産地消」であり、地元の気候には地元の木がピッタリ合う証拠である。日本にトウヒを輸出している林業家からは、蒲鉾板と卒塔婆を示され、こんなものに使っているそうだと解説を受けた。しかし、なぜ日本の木を使わないのかとお叱りも受けた。日本より寒いからだろう、壁が工場で造られており、厚さ30㎝ぐらいの間に木くずをもみほぐしたようなものを入れて断熱効果を高めていた。後に国家戦略室参事官として民主党内閣の手伝いをしてもらうことになる梶山恵司富士通総研研究員が案内役だった。

山奥の製材工場でドイツワイン付きの昼飯を食べながら、経営者の話を伺った。広い屋根がソーラーパネルで太陽光発電、また端材やおがくず等製材工場で出る木くずを燃やしたバイオマス発電と、二つの発電装置があり、余った電力は売っていた。まさにエネルギーの地産地消の見本である。ドイツでとっくの昔に導入している、固定価格買取制度（FIT）のもと、発電のサイドビジネスで儲けているのはいうまでもない。

その後のこの社長の話が印象的であった。この数字は正確ではないが、倍数は合っている。1kW／hの電力料金が10ユーロセントとするならば、太陽光発電は50ユーロセント、バイオマス発電が60ユーロセント、すなわち5倍、6倍で買い取られているというのだ。このために、自分の持っている山の木を切り、この山奥で製材工場を運営でき生活していけるし、従業員もここで生きていける。日本では政府があれをしてくれない、これをしてくれないとばかりがよくいわれるが、この社長は我々に、ドイツ政府、EU政府にはこの山の中で暮らしていける仕組みを作ってもらい、非常に感謝しているということであった。菅総理が、最終局面で、FITが入った再生可能エネルギー法案を通してからでないと絶対辞めないと粘ったのは、この原体験が確実にきいているからのはずである。

ドイツにみる脱原発の道筋

フライブルグのあるバーデン・ビュルデンベルグ州は、福島原発事故直後の3月27日の州議会選挙で脱原発を主張する緑の党が大躍進し、初めて州首相の座を奪取し、メルケル政権の脱原発への舵の切り換えに大きな影響を及ぼした州である。5月には緑の党の支持率は過去最高の28％に達し、社会民主党を上回った。7月にメルケル首相が脱原発を法制化すると、支持率は15％に下がっている。

イタリアでは、ベルルスコーニ政権が、1987年に国民投票で決めた脱原発政策を覆して再開するつもりでいたが、それを再び国民投票で放棄した。世界では原発事故が起こると脱原発に動く。

ドイツとて最初から脱原発だったのではない。1970年代ライン川沿いのヴィールに原発計画が持ち上がり、ワイン農家が反対運動を起こした。日本と違うのは、フライブルグ市民も含め多くが共鳴し、原発計画はとりやめになった。そして、代替案を考え始めたときに、チェルノブイリ原発事故が発生した。その放射能は当然1200㎞しか離れていないドイツにも撒き散らされた。

この危機をバネにして、フライブルグ市は再生可能エネルギーに独自に取り組み始めた。最近では、脱原発と温暖化対策の両立をめざし、高気密・高断熱で空気の循環にも配慮した無暖房住宅（パッシブハウス）により持続可能なライフスタイルの実現も目指している。更に2050年までにCO_2を9割減らすことも目標にし始め、交通対策も廃棄物対策も同様に進めている。

もう一つ大きな違いは、我々日本人はドイツ人と比べ、目の前のことに非常にきちんと対応するが、遠く将来を見据えて論理的に考えることは苦手なことである。原発反対も、上関《かみのせき》原発の祝島のように見事なところもあるが、いかんせん全国的な広がりには至らない。マスコミが原発に真っ向から取り組むことなく、脱原発をきちんと報道してこなかったのも一因であろう。

ドイツでは、近くのチェルノブイリ事故以降、社会運動としての脱原発が着々と重ねられてきた。しかし、福島の原発事故は、1号機の爆発の瞬間が世界のテレビをかけ巡り、リアルタイムで報じられており、インパクトはより大きなものとなった。日本では民放はこの場面を放映したが、NHKは残った建屋しか映さなかった。ドイツなり世界のほうが先に悲惨な結果を目にしていた。福島原発の爆発の場面が、オリンピックの開会式並みに世界中にみられたのである。

福島原発のあとも、デノヴァ・エネルギー供給会社は、スマートグリッドの本格的モデル事業を開始した。日本との違いは、対応の素早さである。大事故を起こしながら、あの手この手で原発再稼働を企て、あろうことか原発輸出までして平然としている、倫理観の欠如した国とは違うのだ。

電力業界も脱原発を支持

ドイツはしっかりと計算している。原発は運転コストこそ安いが、事故賠償の強制保険に加入しなければならないなど、規制によるコストがかかり、重大事故が起これば、3兆〜5兆ユーロの被害が生じるといわれている。日本と違い、規制コストも電力コスト比較の計算に入れているのだ。

ドイツは2011年6月6日、「倫理委員会」を設置し、「環境にやさしいエネルギー」というタイトルでのエネルギー政策転換基本方針を公表している。6月30日には原子力法を改正し、実行に移している。もたもたしどおしの日本と比べ、議会でも620人のうち513人が賛成している。日本の場合、原子力ムラの金と票に左右され、反対する議員も多くいるだろうが、ドイツでは圧倒的多数がメルケル首相の対応を支持している。まさに挙国一致である。

日本では、今（2011年3月末現在）またぞろ消費増税で、大連立といった節操のない政局が繰り広げられている、消費増税など所詮金のやりくりの話、挙国一致は脱原発やTPP反対にこそ必要であり、ドイツはまさにそれを地でいったのだ。更にもっと驚くべきことに、日本の電力事業連合会（電事連）の会長に当たる「ドイツ・エネルギー水道事業連合会」のエーヴァルト・ヴォステも、前向きに評価していることである。

もちろんシュピーゲル等マスコミも「原子力時代の終わり」という記事を載せるなど、これを支持している。政府同様、言論界も経済界も素早い対応である。

ドイツの論理的思考による脱原発

そこでは、明確に福島原発事故という、それまで想定し得なかった事故が発生したことで、原子力エネルギーの位置づけについて再考を余儀なくされたとして、

①2022年末までの、原発の全面停止
②17基中、一時停止の対象になった8基を再稼働せず。稼働年数は32年
③再生可能エネルギーへの転換、既存の17%から2020年まで35%に拡大、50年には80%
④エネルギー効率を向上させることにより、2020年まで電力の消費量を10%削減

⑤気候変動防止への取り組みも、2020年までに1990年比で温室効果ガスを40%削減、2050年までに80%~95%を削減

と具体的数値目標を掲げている。そして、ドイツは、高効率で再生可能エネルギー利用を支えられるエネルギー供給体制を、主要先進国として最初に確立する国になり得ると宣言している。つまり、産業の輸出大国と環境保全を両立する初の国になろうとしている。

ここで特筆すべきは、15人の倫理委員会のメンバーの構成である。電力業界や原子力産業界の委員は一人も入っておらず、産業界の代表は化学メーカーの社長が一人入っているだけである。あとは社会学者、哲学者、宗教関係者など電力とは無関係の人たちである。日本でいえば、梅原猛、山折哲雄、玄侑宗久、中村桂子といったところだろう。日本との大きな差がここにもみられる。つまり、メルケルは、コストがどうのという視点からではなく、もっと大局的に原発問題を考えてもらいたかったのだ。そして、国民は経済的コストよりも安全を重視し、政治家も財界も素直にそれに従ったのである。

原発事故を起こした本家日本が、再稼働だ輸出だと何も感じないのに、1万km離れたドイツは、エネルギー政策を大胆に変更した。この政策変更にメルケル首相のリーダーシップが大きく働いているということは明らかである。メルケル首相は、物理学者であり、その点は菅直人総理と似ている。ただ菅総理が自分が専門家だと言って原発事故現場に赴いたものの、浜岡原発停止しか決められないのに対し、メルケル首相はさっさと鮮やかな原発廃止をやってのけている。政

治家の気迫の違いである。

メルケル首相の英断の背景

サッチャーに次ぐ「鉄の女」の経歴を見ると、脱原発への転換もわかってくる。1954年に生まれ、東ドイツで育ち、ロシア語と数学が得意な成績優秀な娘は、ライプツィヒ大学で物理学を学ぶ。研究対象にアイソトープや放射線も含まれ、放射能については豊富な知識をもっていた。結婚後4年で離婚、博士号をとり、東ベルリンの経営アカデミーに転職。1989年ベルリンの壁崩壊後、コール首相と会い、政治の道に進む。第5次コール内閣で、環境・自然保護・原発保安担当大臣に就任している。この間にCOP30京都議定書を決めた会合にも出席している。

ただ、反原発運動には批判的だった。一方もともとエコロジストで緑の党に入ると思われていたという。物理学者として原子力は安全なエネルギーと考え、一時は原発推進派になっていた。2010年秋には、エネルギー不足問題から原発稼働年数を平均12年間延長させた。その矢先の福島原発事故で、彼女の眠っていた本性が蘇ったのだろう。脱原発を即断している。日本にこのような潔い首相はいつになったら誕生するのだろうか。羨ましいかぎりである。

メルケル首相の率直な原発廃止演説

メルケル首相は、2011年6月9日に連邦議会で、原発を廃止することについて演説している。大事故を起こした日本にできなかったことを、ドイツが、いやドイツの優れた政治家がどのように考えて決断を下したかよくわかるので引用する。メルケル首相については『なぜメルケルは「転向」したのか―ドイツ原子力四〇年戦争の真実』（熊谷徹、日経BP社）に詳しい。

〈前略〉福島事故は、全世界にとっても強烈な一撃でした。この事故は私個人にとっても強い衝撃を与えました。大災害に襲われた福島第一原発で、人々が事態がさらに悪化するのを防ぐために海水を注入して原子炉を冷却しようとしていると聞いて、私は「日本ほど技術水準の高い国も、原子力のリスクを安全に制御することはできない」ということでした。〈中略〉

私はあえて強調したいことがあります。私は昨年秋に発表した長期エネルギー戦略の中で、原子炉の稼働年数を延長しました。しかし、私は今日、この連邦議会の議場ではっきりと申し上げます。福島原発事故は原子力についての私の態度を変えたのです。〈後略〉

何と率直な演説だろう。多弁を弄し、美辞麗句ばかりが並ぶ日本の政治家の演説と比べ、簡潔明瞭である。弁解せず、自らの過去の考えを捨てることを素直に告白している。
福島以降、古い原発8基を即時停止したところ、10%ほど電力価格が上昇したが、次第に低下し、海外からの輸入も増やす必要がなくなっている。２０１１年の発電量に占める再生可能エネルギーも20％となり、初めて原発の18％を上回った。発電源別にみると、風力７・６％、バイオマス５・２％の順となっている。風力発電には豊富な発電が可能な北部と、産業需要の多い南部を結ぶ送電線の整備、太陽光発電では配電・蓄電技術の開発が必要として、全力をあげて取り組んでいる。ただ、送電線は２０２０年までに４３５０km も必要とされている。

ドイツの脱原発は、フランスのような原発大国に囲まれており、いざというときはいつでも足らない電力を輸入できるからできるといわれる。ドイツは9か国と国境を接しており、国民は近隣国の原発を嫌がっている。しかし、一時的にフランスやチェコ（原発が23％）から電力を輸入しなければならないことがあるのは事実である。ところが、最新の「欧州送電事業者ネットワーク」の統計によると、２０１１年3月の福島原発事故後8月には、17基のうち8基を完全停止したドイツは、秋までは輸入超過が続いたが、10月以降輸出が増え、年間ベースでは、フランスへ電力を輸出した量のほうが６００万kW多くなったという。

福島原発事故後も、原発を建設するポーランドにドイツの州政府が建設中止意見書を提出している。逆に、ほぼ全電力を水力で賄うノルウェーからの電力輸入計画には、ノルウェーの環境団体が反対し、国際的にも賑やかである。ドイツは原発がなくても、停電、電力コストの上昇や生産不安にはならないと自信を深めている。

フランスは、電力の原発依存が7割を超え、いわゆるベストミックスからすると原発に片寄り

ドイツの電力構成

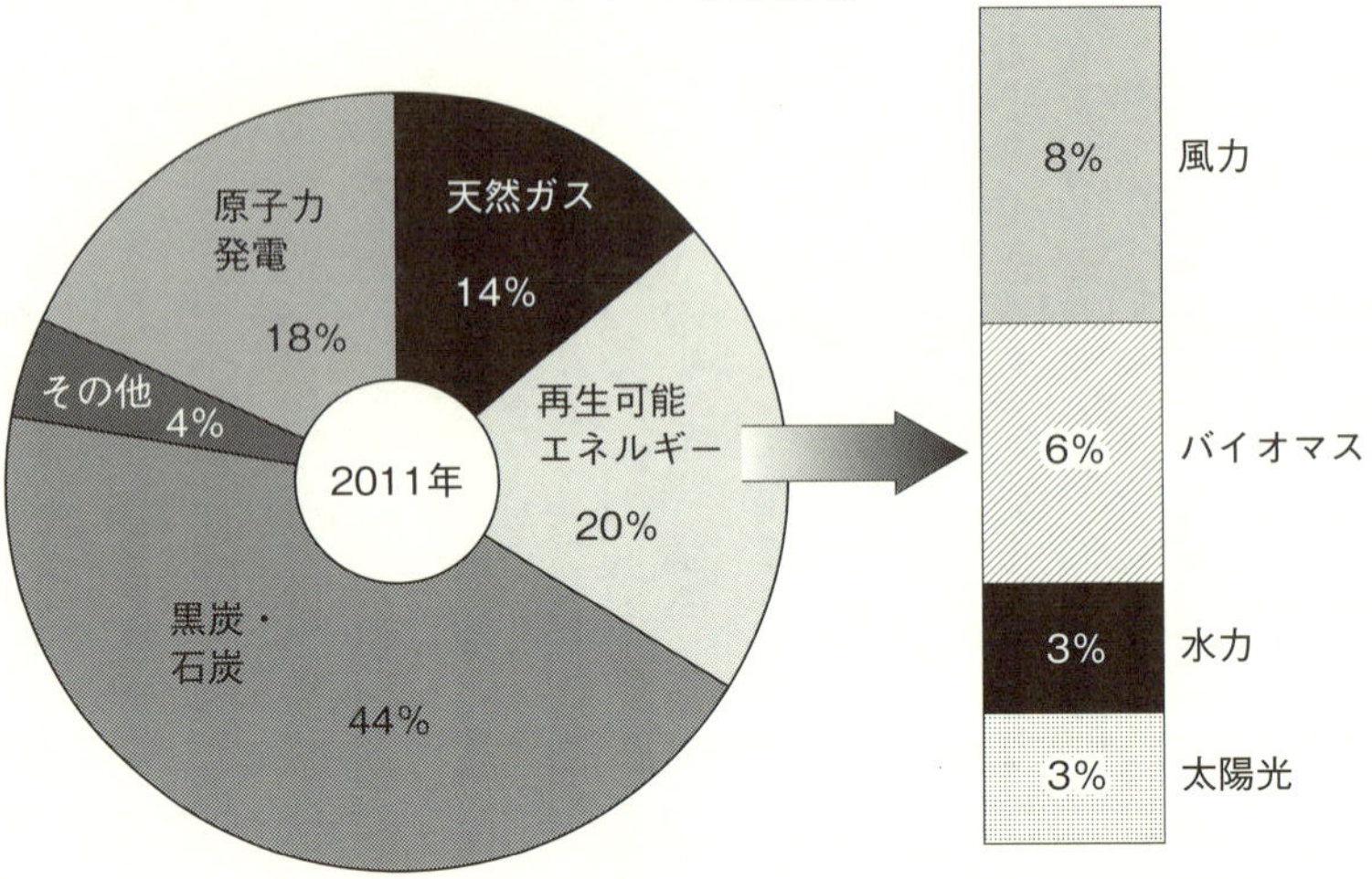

注：独エネルギー水道事業連合会など調べ

すぎである。調整がきかない。日本と違い、高緯度のヨーロッパは冬に電力消費のピークを迎える。２月現在もドイツからフランスに電力が輸出されている。ドイツが住宅の省エネ化を推進するとともに、地道に再生可能エネルギーを20％にまで高めてきたからである。日本も見習うべきことであり、やってやれないことはないのだ。

原発即時閉鎖を求めるスイス国民

５基しか原発のないスイスも２０３４年までの段階的閉鎖計画を提示し、イタリアも国民投票で90％以上の支持で脱原発を決めている。スイスは地震や津波の危険はほとんどないにもかかわらず、事故の恐ろしさを知ったからである。それに小さな国であり、事故があったら逃げ場がないし、観光客は当分の間来てくれまい。まさに賢明な選択である。

しかし、性急なスイス国民は2034年までは待てなかったようで、首都ベルン近郊のミューレベルク原発の速やかな閉鎖を求めて訴えを起こした。2012年3月7日、連邦行政裁判所は、住民の訴えを認め、安全対策が取られなければ、13年6月までに運転を停止するよう命じる判決を出した。

この判決は、日本の原発の扱いを対比してみると、いろいろなことがわかってくる。まず、ミューレベルク原発は1972年開始で2012年（40年）末までだった運転期限を、継続検査を前提に無期限延長を認めた。ところが、原子炉にひびがあることが判明し、延長の取り消しを求めていた。日本で40年期限とし、例外60年とされたが、これに対して地元住民が例外の延長取り消しを求めて訴えても、スイス連邦裁判所のような判断が下されるかどうか気になるところである。国や運営会社は、30日以内に連邦最高裁に上訴できるが、別途、即時停止を求めるベルン州民投票が行われる見込みである。追加の安全対策に巨額のコストがかかることから、判決どおり、閉鎖が早まる可能性がある。スイスは、重要事項をよく住民（国民）投票で決める。

福島原発の処理すら終わらないのに、事態を小さく見せようと収束宣言する政府、東電、そして大飯《おおい》（福井県おおい町）、伊方《いかた》（愛媛県伊方町）とストレステストの1次評価を妥当とする経産省。更に、それを許す地元市町村。1万㎞離れたスイスの危機感と、あまりに杜撰な日本の再稼働。日本はすっかり金の亡者になり、エコノミック・アニマルからニュークリア・アニマルに成り下がってしまったようだ。

原発大国フランスにも脱原発の兆し

世界で最も原発依存度の高いフランスも3・11後、隣国ドイツの脱原発の影響もあり新たな動きがみられる。福島でも汚染水処理に当たる、世界最大の原子力産業統合体「アレバ」社（フランス政府が約90％の株式を保有）の再処理工場が映画『シェルブールの雨傘』で有名な、シェルブールの先のラ・アーグにある。日本の使用済み核燃料も処理してもらっているところである。この辺りが、いわばフランスの原発銀座である。2012年3月11日、「人間の鎖」による数万人の原発反対デモがあった。フランスも変わろうとしている。

2012年4月には世界第二の原発大国フランスで大統領選もある。サルコジ大統領は、2011年のサミットでも、菅総理が脱原発を発表しないように気を遣ったというが、そこに「ヨーロッパエコロジー・緑の党」の候補として、欧州議会議員のエバ・ジョリ女史が立候補している。1943年オスロの貧しい地区で生まれ、18歳でフランスに渡り、住み込み家政婦などさまざまな職業に就き、「メイドから大統領に」というキャッチフレーズで「福島を忘れず、脱原発のために戦う」と、より安全だといわれる第三世代の加圧水型炉にも反対して活動を続けている。社会党との選挙協定もでき、社会党の候補に決まったオランド前第一書記も1月26日、電力の原発依存度を今の75％から2025年までに50％に縮小し、原子炉24基を段階的に閉鎖する、

「減原発」を公約として宣言した。フランスでも、福島以降、安全対策への関心が急速に高まり、1月に公表されたストレステストでは、安全確保の追加費用が約1兆円かかることがわかった。

大統領選を二分するフランスの原発論争

それでもサルコジ大統領は、電力代がドイツの半分の16セント／kWhですんでいるのは原発のおかげと言い、ストレステストの結果も安全が立証されたと主張している。また、フィヨン首相は、経済競争力を保つためには原発は不可欠と、日本と同じ主張をし続けており、社会党は原発が安くて安全という神話は崩壊したと攻勢をかけている。極右のルペン国民戦線党首も当面は原発を維持しても、将来的な削減を主張するなど、サルコジ以外はすべての候補が何らかの削減を主張している。２０１１年夏の世論調査では、「即時あるいは段階的に脱原発すべき」との意見が77％に達した。いくら独立心が強いフランスといえども、ドイツ、スイス、イタリア、ベルギーと周りの4か国が脱原発を決めているのに平然としてはいられまい。

しかし、２０１２年1月に放射線防護原子力安全研究所が発表した調査では、原発は危険が55％、一方、エネルギーの自立、電気料金の安定に原発が有効が67％と、完全に世論は割れている。フランスの失業率は近年では最悪の10％にのぼり、大統領選挙にも影響を及ぼしている。サルコジは58基中最も古いフェッセンハイム原発を訪問、閉鎖すれば雇用が失われるとオランドを挑発した。原発が国論を二分する形で4月の大統領選の争点となりそうだ。かくして、サルコジが敗れれば、先進国で原発に固執し続けるのは、日本一国となる可能性が高く、この点でも世界から白い目でみられることになる。

フランスは、石油や天然ガスを全面的に輸入に頼らざるをえない国であることから、やむをえず原発に依存している。このため今のところ電力価格も欧州平均より40％も安いが、再生可能エネルギーに原発と同程度の研究開発費を投ずることにしている。今後、フランスがドイツと同じ傾向をたどる可能性も十分にありうる。また、フランスは、原発の安全にはどこの国よりもきちんとした対策を講じている国であり、旧式の原発にもすべて最新の安全装置を付けている。今回の福島原発事故でも東京のフランス人に対し、避難指示も出している。原発の安全確保で何事にもルーズなのは、日本が突出しているようだ。

アメリカの原発はコスト高

２０１２年２月９日、アメリカの原子力規制委員会（ＮＲＣ）は、東芝グループが受注しているジョージア州のヴォーグル原発２基を認可し、スリーマイル島の事故後34年ぶりに建設することが決まった。ところが、ヤッコ委員長は建設に反対しており、トップが異例の反対を表明する事態となっている。骨のある学者なのだろう、日本では考えられないことだ。

アメリカでは原発は天然ガスと比べ価格競争力が劣り、天然ガスが倍の価格にならないかぎり太刀打ちできない。アメリカを含め世界は、より安全で経済性の高い加圧水型融水炉「ＡＰ１０

00」（ウェスティングハウスが世界の半分の市場を占める）に転換しつつあるが、やはり建設費が相当高く50億〜70億ドルとなるため、日本と同じく財政支援が不可欠であり、今まで建設されなかった。今、福島第一原発と同系のGEの沸騰水型融水炉（マークⅠ）23基を含め、104基が運転中で、今後も28基の建設が予定されている。

オバマ大統領は、09年4月5日のプラハ核廃絶で触れたとおり、脱石油依存と地球温暖化に一石二鳥の効果があるとして、もともと原発利用を支持している。福島原発事故直後の3月30日にも、アメリカの電力の2割は原子力に依存していることから、原発推進を堅持する方針を明らかにした。ただ福島事故後は、再生可能エネルギーも含めた多様なエネルギー源の確保を訴え、その一つに原子力も入るという表現で、言い方を変えてきている。

アメリカ国民の福島原発事故への関心は高く、民主党支持者を中心に原発建設反対が半分を超えている。事故発生4日後のギャラップ調査でもアメリカでの原発事故に懸念を持っている者が70％を超えている。同じ調査項目ではないが、日本より反原発の意識が強いのかもしれない。グリーンピースやシェラクラブ等の環境団体は、反原発の好機到来と捉えている。こうした国内の空気に対し、先手を打つ形で、NRCに対し安全性の包括的点検を指示するなど、国民の不信の払拭に努めている。

一方、バイオマスについては、過剰農産物の問題もあり、トウモロコシのエタノール化等、オバマ政権のグリーンニューディール政策のもとに推進中である。今は発電量の20％が原発だが、

35年には80％をクリーンエネルギーにすることを目標としている。また、これまで採掘が難しかったシェール・ガスの生産も本格化し、ガスの輸入国から輸出国に転じる可能性もある。

韓国は原発も推進、輸出に熱心

韓国は、隣国であり、放射能汚染の影響は受けやすいにもかかわらず、国民の間にも欧州のような拒否反応はない。ただ、福島以後、女性と若者中心に反原発が5割を上回りつつある。また、アラブ首長国連邦への原発輸出が決まり、日本へのライバル意識から国民も支持している。原発への依存度は１９８１年の７・２％から２０１０年には31・３％に上昇しており、更に２０３０年までに18基新設され34基となる予定となっている。耐用年数については40年を原則としつつも、延長は10年ごとにチェックして認められることになっており、２０１１年に１基が延長されている。再生可能エネルギーについては、２００７年でエネルギー全体の２・４％しか占めていないが、２０３０年には11％に上げることを目標にしている。

日本が見習うべきことが二つある、一つ目は電力料金がＯＥＣＤ加盟国で最低であり（これが韓国工業会の競争力の一因）、今後は大企業向けを中心に電力料金を上げていくことにしている。また、特にピーク電力を高くする一方、中小企業や一般家庭には別途援助措置を講じている。大企業の不満ばかりを聞き入れている日本とは大違いである。二つ目は、原発には当面頼らざるをえないという現実的な対応をしながらも、再生可能エネルギーを成長産業と捉えて、増資

世界各国の発電電力量構成

（2009年実績見通し）

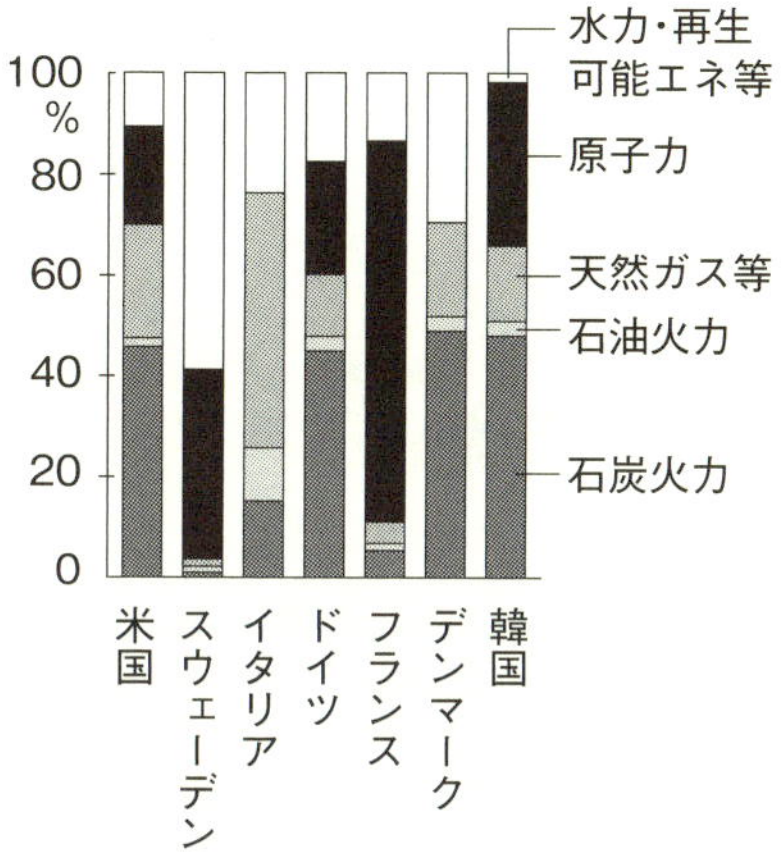

出所：IEA資料

日本の発電電力量構成

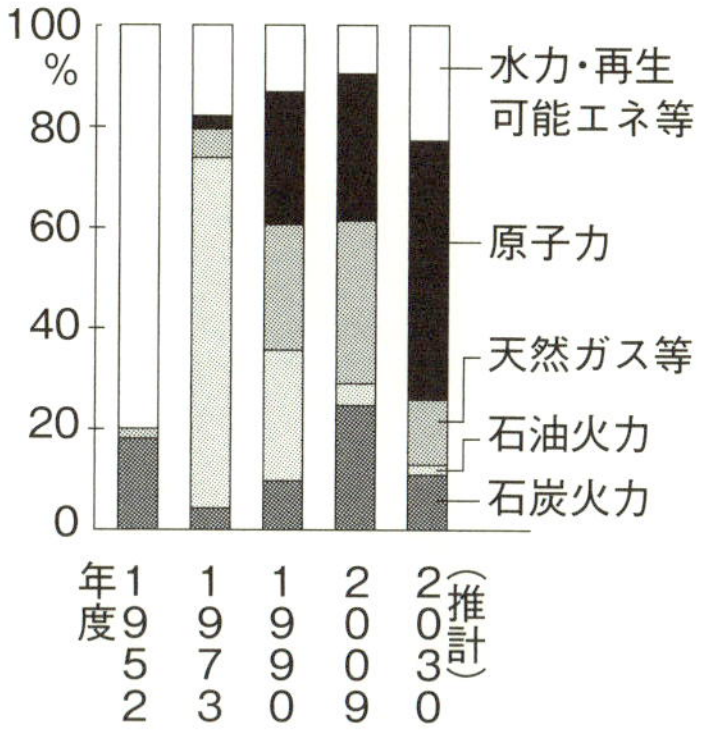

出所：資源エネルギー庁資料
注；日本経済新聞（2011・7・24）から

していることである。このままいくと現代が自動車販売台数でトヨタを抜いたのと同じく、新エネルギー分野でも韓国に大きく後れをとることになるかもしれない。

中国も経済成長に合わせて原発推進

中国は原発の安全性には不安を持っており、日中韓の安全技術に関する協力体制を必要としている。

中国は、電力の7割を石炭火力に依存し、環境問題が深刻化している。このため化石燃料以外の比率を高める必要があり、てっとり早い原発を今後27基新設することとしている。かつては、仏で日米等の借り物の技術だったが、最近は独自に開発し、5基は自前の原発が稼働中である。そして、韓国同様に、パキスタン、南アフリカ等に輸出攻勢をかけている。

しかし、やはり中国でも日本の福島原発事故が問題になり、原発への信頼が揺らぎ、着工が遅れている。ただし、2020年までに60基新設し、30年までに170基建設する計画を変更するつもりはない。ただ、内陸部で初めての原発となる江西省の彭沢原発の建設計画に対し、隣接する安徽省の県政府が、杜撰な建設地選定や事故発生時の大きさを指摘し、中国政府に建設中止を要請している。民主化が進む中国でもやはり脱原発の萌芽がみられる。そして風力発電については、ドイツと並び相当力を入れており、日本をはるかに凌いでいる。

ここで気を付けなければいけないのは、日中韓の東アジアで89基の原発があり、このままでいけば100基もすぐ超え、世界で最も危険な原発過密地帯となってしまう。原発は事故を起こせば被害は一国にとどまらず、国境を越える。この点は、しっかり考えていく必要がある。

アジア太平洋諸国の傾向

世界有数の地震国インドネシアも2019年までに原発稼働を目標にしていたが、日本の原発事故後、状況は一変した。2011年6月、NGOから批判を受け、ユドヨノ大統領は「原発以外が確保できればそちらを選ぶ」と発言し、14年までに火山を活用した44か所の地熱発電所を建設すると表明した。ただ、試掘などにかかる膨大な初期費用が障害となり、潜在的な地熱発電量のうち活用できるのは約4%だという。今のところ、原発はストップしているが、14年の大統領選後は、どうなっているか不明であり、国としては準備していくという。

ニュージーランドには原発は1基も存在しない。水力や風力など再生可能エネルギーで電力の7割以上を賄っている。アメリカの原子力潜水艦や空母を寄港させず、独自の非核政策を毅然と貫いている。日本と同じ火山国でもあり、2025年までに9割を再生可能エネルギーにすることを目標に、地熱発電（現在13％）にも力を入れている。こうした姿勢の違いを人口430万人の農業小国のせいだけにするのは早計である。NZの非核政策等は日本も見習う必要がある。

ロシアは原発依存、北欧は再生可能エネルギーへ

ロシアと旧ソ連圏は、原発の建設方針を全く変えていない。一時EU加入の条件として、イグナリナ原発の一部を停止したリトアニアも、日立が新たな建設を担うことが決定した。6万5300㎢の小さな国である。原発事故が起きたら国を捨てるしかないと反対する国民も多い。ベラルーシもリトアニアも国境近くの建設を決めているが、周辺諸国は懸念を抱いている。その他の東欧諸国も、どこも経済優先で原発を進めようとしている。

太陽光発電の導入に当たっても、当然政府の補助が出ている。2011年6月のサミットで菅総理は、家庭用に太陽光発電1000万戸といったが、南ドイツのバーデン・ビュルデンベルグ州ではもっと賢く、製材工場のような巨大なところのほうが効率がいいので、そういった建物に優先的に太陽光発電が備え付けられている。

ヨーロッパ各国はこの点で先進国である。風力ならデンマークやノルウェー、地熱はアイスランド、バイオマスはスウェーデンやフィンランドといったことで相当進んでいる。スウェーデンは、スリーマイル島事故の翌年1980年に国民投票で2010年までの全廃を決めたが、30年後の2010年、政府は古い原発を建て替える方針に転換している。各国とも経済性と危険とを天秤にかけ、悩みつつ政策決定をしている。日本でも今取り沙汰されるようになった、発送電網の分離（発電会社と送電会社の分離）は、FITの導入に必要な制度であるが、それもとっくの昔に導入している。それから協同組合方式での発電会社経営等も行われている。再生可能エネルギーは意外と低コストで実現できるのである。

日本が得意なのは、一番手ランナーではなく、二番手ランナーである。それで開発コストを抑えて、世界に伍する工業立国になったのであるから、再生可能エネルギーの導入もヨーロッパ先進国の二番手ランナーとして、彼らの経験と知識を思い切り活用し、失敗しないように短期間に導入すれば、早急に追い着けるはずである。

旧ソ連圏のポーランドやリトアニアは、ロシアの天然ガス依存を脱したいために原発を推進し、ドイツなど近隣諸国から嫌がられている。中近東のアラブ諸国も石油・ガス頼みの経済から脱却したいために原発推進の方向である。ポーランドはいくら自国産とはいえ、エネルギーの90%を石炭に頼っているのも原発にこだわる理由の一つである。

7章

省エネルギーと
再生可能エネルギーの促進

まずは省エネルギー

省エネルギーと再生可能エネルギーへの転換とは同時併行

エネルギー政策の大転換が求められているが、その前に必要なのが省エネルギーである。私は、食料の世界で、地産地消、旬産旬消を広めてきた。しかし、これはエネルギーの世界でもそのままあてはまる。スイッチ一つでなんでもかなう高層ビルの大都市では、これはなかなか難しく、その意味では脱石油社会、低炭素社会のことも考えると、おのずと都市も地方に分散しないとならない。

ドイツが再生可能エネルギーへの転換がしやすいのも、ベルリン以外に200万に達するような大都市が存在しないからである。私のかすかな記憶では、ミュンヘンオリンピック（1972年）が開催されたころ、西ドイツには100万都市は存在しなかった。つまり、ドイツはもともと州の権限が強く、地方分権国家なのだ。

地方の20万都市以下ぐらいになると、省エネルギー、再生可能エネルギーなり自然エネルギーへの転換はすぐに考えつく。

それからもう一つ重要なのは、順番からいうと省エネルギーが先だということである。なぜなら、太陽光や風力は膨大な施設が必要で景観も損うし、環境も傷めつける。バイオ燃料のためにトウモロコシという単一作物ばかりの畑にするのは、生物多様性に反することになる。

長野の実家の省エネルギー

私事でいえば、昨年（２０１１年）88歳の母は我々に「消炭《けしずみ》37年分作っといたから大丈夫」と言ってこの世を去った。かつてコメを入れていた土蔵の一つは、何にも使われていなかったが、いつのまにか母が、りんごや桃の剪定した太い枝を薪にして風呂を焚いた残りを庭でかわかしては肥料袋に詰めていたのである。

かつて私の農作業は春先のリンゴ畑、桃畑の剪定された枝を「鉈《なた》」でこなし、焚き木として一束にまとめ、納屋に持ち込むことから始まった。その当時は、ガス炊飯器もなく、ご飯もその他の料理もまだお釜だった。そのうちにガスコンロや電気炊飯器も出回り、お釜は消えていった。料理はプロパンガスになり、それ以降は、太い枝だけ薪として風呂に使い、細い枝は畑で燃やすようになった。

我が家では、風呂の焚き付けはバーナーにし、数分後には自動的に消え、あとは薪だけになる。冬には置き炬燵に入れるが、夏はそのままかまどに残る。これが私の母の出番を造り、玄関で日向ぼっこしながら、乾かす仕事となる。少しでも家の役に立ちたいという、一生涯働き続けてきた母の最期の仕事だった。私の実家は、弟が跡をついだ専業農家で、来客用の炬燵は電気炬燵だが、家族用は置き炬燵のままであり、これなどはちょっとした工夫でできることである。金がかかるのと面倒なのか、残念ながら薪ストーブこそないが、ちょっと「ずく」を出せば（長野弁：まめになれば）手入れされない雑木林もあることだし、暖房は薪だけで十分である。

ピーク電力は、よくいわれるように真夏の高校野球中継の頃、しかも準決勝か決勝のときといぅが、涼しい長野にエアコンは不要である。オフィスビルは仕方なく入れているが、これなどは、長野用には、冬は熱が逃げないよう断熱壁にし、夏は風が入るようにすればエネルギーは相当節約できる。

太陽光もまずは熱に利用

原発事故以来、エネルギー政策なり対策というと電力ばかりに目がいくが、まず熱を考えていくべきである。特に太陽光とバイオマスは水力、風力、潮力、地熱と異なる。発電の前に熱の利用を図ることが先決である。

そういう点でいえば、地方はエネルギー資源も豊かである。周りには資源だらけであり、りんごの木はまたタールもなく煙突掃除もいらないし、ほぼ完全燃焼して灰もわずかしか残らない。長野県の一般家庭の暖房は、薪ストーブで足りる。周りには手入れされない哀れな人工林だらけ。サラリーマンには週末に、自分の冬の薪集めを兼ねて下枝刈りや下草刈りといった山仕事をやってもらえばよい。

また、家では、太陽光発電の前に太陽熱温水器がある。この分野では北緯35度前後の日本は北緯50度前後のドイツ、フランス、イギリス等と異なり、太陽光や熱の恩恵がずっと大きい。太陽熱温水器の技術は相当進み、今や集熱効率は40～50％である。風呂好きの日本人にはピッタリであり、太陽光発電して、その電気でお湯を温めるより前に考えるべきことである。

時刻を切り替えるサマータイムは不必要

サマータイム法案を粉砕する

私は、国会議員になって9年目、大した長い期間ではないが、3期も務めさせていただいており、いったい国会議員として何をしたかと問われた場合真っ先に答えることがある。もちろん農政分野でもいろいろ仕事をしてきたけれども、最も国民生活に影響があることで役に立ったのは、サマータイム法案を葬り去ったことにあると思う。これは正直言って私の自慢話になってしまうかもしれないが、国会で物事はどのように決まっていくか、そして一人の国会議員がしゃかりきになれば、そこそこのことができるという例として紹介しておく。

サマータイムとは夏季（3月最後の日曜日から10月最後の日曜日まで）の時刻を1時間早め、それに合わせて生活を送る制度である。ヨーロッパ諸国やカナダ、アメリカ等で実施されている。日本でも占領下の1948年に導入され、51年までの4シーズン実施したが評判が悪く、52年4月の占領終了と同時に廃止された。午前中の気温が低い時間帯の活動時間を増やすことで冷房の使用時間を短縮、一方、夕方の明るい時間帯に活動することによって照明需要を削減するといった省エネの推進のほか、余暇時間の拡大による経済効果が期待されるといわれていた。しかし、日本で導入した際の省エネ効果は疑問視され、生活リズムの乱れ、労働時間（残業）の増加、コンピューターを利用する各種システムを変更するためのコスト等の弊害も予想されていた。

本田平直議員からの突然の依頼電話

話は、私が1期生議員のときに遡る。同僚の本田平直議員から電話がかかってきた。「民主党の中にはサマータイム導入に一生懸命な議員がいっぱいいるけれども、自分は絶対反対だと思っている。アンケート調査を見たら篠原さんも絶対反対と書いてあったので、これからサマータイム関係の会合があるので是非出てほしい」ということだった。

本田議員は感心したことに、もう一人、論客の松崎哲久議員にも要請をしていた。ツボを押さえたなかなかの人選で強力な布陣であった。二、三度議論したところで郵政解散選挙になり、両議員とも残念ながら落選してしまった。

燃え上がる超党派議員連盟

福田政権時代、洞爺湖サミットは環境サミットとも言われていた。突然、超党派のサマータイム導入議員連盟の会合が開かれると案内がきた。行ってみると、自民党から共産党までお歴々が雛壇に並び、会場はほぼ満席であった。一つだけ雛壇の真ん前に空席があったので、私は仕方なくそこに座った。

出てくる意見はすべてがサマータイムはいかに今の時宜にかなっているか、サマータイムを導入して省エネルギーをしていくことが日本国のためにもなるし世界への貢献にもなる、CO_2の削減という京都議定書の約束を守ることにつながる、と礼讃ばかりであった。

もともと超党派の導入の議員連盟だからそうなるのは当たり前だけれども、私は知らずにそこに乗り込んで行って手を挙げ、発言してしまった。最近話題の議事録があればほしいものだが、多分とっていないだろう。私の記憶では「そんなサマータイムなどというのを導入して、1年に2回時計をいじくるなんていうのはとんでもない話で、それをするのだったら会社なり学校なりが始まる時間、終わる時間を変えてやれば同じことなので、そんな不便なことをするべきでない。ヨーロッパも困っている」という発言をした。全体がシーンとなって、空気を読めないバカが何を言っているのかということではなかったかと思う。しかし、超党派議員連盟の勢いは止まりそうになかった。

私は、はたと困ってしまった。本田議員と松崎議員は、現職であれば彼らも出てきていろいろ主張できるけれども、頼りになる二人の友はいない。自分たちが落選している間にサマータイム法案が通ってしまったのではないかと言われると立つ瀬がない。私は、初めてのことだったが、奮起して一人で食い止める決意を固めた。

時刻の切り替えよりも頭の切り替え

どうするか方法も見当がつかなかった。なぜかというと民主党は弱小野党、小泉選挙で衆議院が100人近くになり、多勢に無勢である。従って民主党ではそれほど議論されないし、政策決定にそれほど関与できない。ところが、幸か不幸か、サマータイム法案は臓器移植法案と同様に党議拘束なしの法案になることがほぼ決まっているという。責任与党の自民党が議論して議員立法とするケースが考えられた。とにかく与党自民党で議論されて民主党は手を下しようがない。やりようがないので、議員会館の各議員をかたっぱしから回ることにした。

どういう資料をつくるか考えたが、忙しい人、じっくり読んでくれる人、いろいろあるので、1ページ目は大きな見出しで「時刻の切り替えよりも頭の切り替え」という内容で、以下のようなペーパーにした。その後、超党派議員連盟で説明したことを、もっと論理的に説明する長い文章を書いた。

サマータイムは「時刻の切り替え」ではなく「頭の切り替え」で

1．サマータイム導入による省エネ効果の必要はよくわかります。

2．しかし、それは時計の時刻をずらすのではなく、始業時間を早めたり、遅らせたりすればたります。例えば、私の故郷の長野県では、学校は、夏は8時に始まり、冬は9時始まりという工夫をしていました。すべて我々が自らの時間を調整すれば良いのです。

3．年2回の時刻の変更は、色々な面で混乱を生じ、不便です。そんな面倒なことをしなくても、サマータイム導入の目的は、夏に始業時間を早め、終業時間も早めることで達成できるのです。

4．我々政治家は、国民が望んでおらず、大して役に立つわけでもない「おせっかい政治」は慎むべきです。

5．法案は、「時刻の切り替え」ではなく「頭の切り替え」で、夏に始業時間・終業時間を早めることに修正すべきではないでしょうか。

２００８年６月１日

民主党衆議院議員　篠原　孝

汗だくの各部屋回り

これをその当時いたアメリカ人と母校長野高校の後輩の二人のインターンを連れて、私自身が届けて回り、在室の方には自ら説明した。面白いことに、サマータイム法案というのは会社の営業時間等を自由に決めていいという法案だと勘違いしている人もいた。「時計をいじくるなんてとんでもない。あんたの言うとおりだ」と賛同してくれる議員もいた。なかなか全議員の部屋を訪ねるというのは大変である。ポストに必要なものを届けるというのは簡単だけれども、議員が不在のときにも、秘書の皆さんにもいちいち説明し議員に必ず伝えてほしいとお願いし、膨大な時間がかかった。

余談になるが、面白いことがわかった。自民党の議員の部屋に行くと秘書は立ち上がり、私が説明する間立って聞いていて、そのあと「議員に篠原議員が直接来られて説明されたということをお伝えいたします」と、きちんと答えが返ってきた。我が民主党はヌボーッと黙っている。つまり秘書の訓練がなされておらず、対応が全然違うのだ。こういうとなんだが、共産党の方の部屋に行くと、秘書の方がなんとなく態度が大きくて、自分が聞いてやるといったような雰囲気だった。次から次へと回っていくと、その部屋の主がどの党の議員か、秘書の対応と雰囲気で大体わかるようになった。つまり、政権与党自民党の秘書は厳しく訓練されていて、ピリッとしている。我が民主党の事務所は、なんとなく対応がルーズだということである。今、民主党が政権与党になり、変わってきているかどうか、再び全部部屋を回ってみないとわからない。

思いがけない強い味方、早川忠孝自民党衆議院議員

正確に言うと、洞爺湖サミットもあり、予想に反して福田政権は会期を延長しなかったので、第2議員会館の2階と3階が回りきれなかっただけで、700以上の議員会館の部屋をすべて回った。野党民主党ではさっぱり議論がなされなかったが、自民党では政調の部会や総務会でいろいろ議論がなされたようである。後から聞こえてきたことだが、そのときに私が丹念に作った上記二つのペーパーを持って、同じような発言をする人が多かったという。そうした状況を埼玉県選出の早川忠孝衆議院議員（自民党）が、そのブログで私のペーパーを見て、眼からうろこで、それまではサマータイム法案に賛成しようとしていたけれども、反対することにした、と書いている。その一文も下記に紹介する。

早川忠孝衆議院議員（自民党）08・06・10ブログより

〈時刻の切り替えよりも頭の切り替えを／サマータイム法案の新展開〉

昨日、自民党の緊急政調全体会議が開催された。

超党派のサマータイム推進議員連盟が作成したサマータイム法案について、自民党としての党内手続きを進めるための大事な会議であった。通常国会の会期末に、担当部会での審

議を経ないでいきなり政調全体会議を開催するというのは、異例のことである。

特に異論がなければ全体会議で了承したものとして、与野党の協議のテーブルに載せ、この国会で全会一致で成立させよう、というものである。地球環境問題対策推進本部・環境部会の合同会議でサマータイム推進議員連盟の会長代行の中曽根弘文参議院議員から説明を受けた段階では、私もその趣旨に双手を上げて賛成、というところだった。

しかし、たまたま私のところに届けられていた一通のペーパーが私の考えを変えさせた。

これは、もっと慎重に検討しなければならない。もっと丁寧に、少なくとも専門家が指摘するような懸念がなくなるまで、議論を尽くす必要がある。

〈中略〉

そして、政調全体会議の冒頭でそのように発言させていただいた。

幸い私と同様の懸念を示し、慎重な検討を求める意見が相次いだので、この問題は政調会長預かり、ということになった。幹部が勢ぞろいする中で一気に法案要綱の承認になりそうだったが、これで流れが変わった。実に際どい攻防であった。

私の考えを変えさせたのは、民主党の篠原孝議員の手紙だった。

以下、その骨子を紹介する。

〈中略　篠原ペーパー引用部分〉

長々と引用したが、時刻の切り替えよりも頭の切り替えを、という訴えがグッときた。

頭の切り替えで対処できるのだったら、その方が遥かにいい。

議連の提案と篠原提案を並べて検討してみよう。

もう一ひねりすればもっといい案が出せるかも知れない。そう思わせるような、大事な手紙だった。

沢山の書類に埋もれており、もしこの手紙を読まなかったら、私が昨日の緊急政調全体会議に出席したか、どうか。ほんの些細なことで流れが変わることがある、という、一つの実例である。

二人の意外な賛同者、坂村東大教授と小泉元総理

新聞紙上でサマータイムに対する意見を探したところ、ユビキタス等で有名なコンピューターの学者である坂村健東大教授が、多分コンピューターの立場もあるのだろうけれども絶対反対という長い記事を載せていた。もう一つの反対グループは、日本睡眠学会で、眠りを妨げると反対していた。しかし、世の中全体、特に電機業界や産業界はなぜかしら挙党一致体制でサマータイムを推進する方向に走っていた。

ある日、電話がかかってきた。小泉元総理からである。小泉さんは、サマータイム法案に反対ということで「全く賛成だ。あんな馬鹿な法案を通してはいけない。がんばれ」という激励の言葉であった。私は、小泉総理に予算員会や行政改革特別委員会でよく質問していた。これも後か

ら聞いた話であるが、私の質問のときには非常にリラックスしてほがらかに聞いていて、内閣参事官たちは二人は体質が似ているのではないかという話をしていたという。サマータイム法案に反対ということは、地元神奈川県の講演でも話し、それが産経新聞の記事にも載っていた。

中曽根会長代行の嘆き

結局自民党で大議論になったけれども、前述の早川議員のブログのとおり私のペーパーが功を奏したのであろう、法案をあきらめて提出されないことになった。その後、この議員連盟のトップである中曽根会長代行からは、「あんたのおかげでダメだったよ」と、国会の中で会ったときに優しく嫌味を言われてしまった。

もう一つ中曽根会長代行には、「長野一区の人は皆サマータイムには反対するのか」と苦笑いされた。小坂憲次衆議院議員もやはりサマータイムの導入に絶対反対だった。理由を聞いてみると、ＪＡＬ（日本航空）に勤め、ロンドン支店に長くいて、サマータイムの切り替え時期にはどんなに準備をしても毎回間違える人がいて、その人たちのためにＪＡＬロンドン支店の皆さんは四苦八苦したそうである。とてもではないが、時間どおりに運行しているような交通機関は、サマータイムは金輪際やってほしくないというのが理由である。

私のこのしつこい働きかけがなかったら、恐ろしいことだけれども超党派議員連というのはなかなかパワーがあって、一気に法律を成立させてしまうところだった。全国のサマータイム法案に関心をもっている人から、よくやってくれたという数十通のメールが来ただけだが、私は、これが国会議員になって一番役に立ったことをしたのではないかと思っている。

法案が成立していたら、今は年に2回、3月と10月に時計をいじくって時間を進めたり遅らせたりしなくてはならなかったところだ。

天才糸川ロケット博士の利他主義

このときに私が思い出したのが、糸川英夫博士の話である。私の思いがけない交友の中にロケット博士が入っている。私の『農的小日本主義の勧め』(復刊、創森社)を読んだ編集者が、「篠原さんと糸川さんが同じことを言っている」ということで、三和総研の総合雑誌に載せるべく対談することになった。二人ともエコロジストで考え方は似ており、その雑誌の二十数ページが、私と糸川さんの対談の記事で埋まった。それから気に入ってもらえたか二、三度食事をした。天才糸川博士のいうことは、最大漏らさず食事のときも聞いていた。最後は長野県に住まれて天寿を全うされた。

印象に残っているものが二つあるが、一つは全く科学的なものではない。「利他主義」すなわち利己主義であってはならないという教えである。長い間研究してきて、これはこうなるだろうと思って研究しても、なかなかそうならないことがいっぱいある。研究というのはそれだけ難しい。ところが、よくよく成果をみてみると、成功した研究の多くは頼まれて嫌々ながらやった研究のほうが、自分がこうなるはずだと思ってやった研究よりもずっと多かった。つまり自分の思い込みでやるよりも、他の人に頼まれたからこの成果を出さなければと思ってやる研究のほうが役に立つ研究が多く、かつ成果もあがるという意外なことであった。

もう一つは、秋田でロケットを打ち上げていた頃、八郎潟干拓に徹底的に反対し、秋田の発展のためには、日本の大玄関空港を造れと知事に進言したことである。米はまだ自給せず、輸入国だったが、既に食生活の洋風化により米余りを予測していた。そして、今でいう「ハブ空港」を造り、そこに「リニア新幹線」をひき東京に連れてくるという案である。羽田空港の周りはゴミゴミしていて東南アジアと同じで、第一印象がよくない。日本の典型的田園風景である秋田の景色を見せて東京に送り込むというのだ。この話は今ならわかるが、１９６０年にわかる人は何人いただろうか。天才の考えることはやはり違うと感じ入った。

本田議員の人を動かす力

サマータイム法案に反対したときの私のエネルギーは何かというと、本田議員が落選している間にこれを通してしまっては、私が無責任ということになる。頼まれたことは絶対やらなければという責任感である。つまり、糸川流の他人のために、他から頼まれたことだから踏ん張って一生懸命できたのである。当然このことは、本田、松崎両議員に報告した。本田議員は松下政経塾出身で、枝野経済産業相の秘書を務めていた。こんなことを言って悪いが、松下政経塾出身の皆さんは皆総理を目指しているようで、傍らからみると、異様な体臭を持っている人たちが多い。そうした中、本田議員は、自己主張も少なく、下手に出ることも知り、人を動かす才能を持っている珍しい人ではないかと思う。彼が私と松崎議員に要請したのは、そこそこ理屈を言う能力のある人ということだろう。目的を達成するための駒の動かし方を知る政治家であり、我が民主党に欠ける資質を持った、大器になれる政治家である。

サマータイム法案という迷惑法案がつぶれたのは、功績者は一に本田議員、二に与党自民党で大反対してくれた早川議員、三番目に汗をかいた私である。

節電の知恵は、頭の切り替えのサマータイムにあり

なぜこのサマータイム法案の話をするかというと、日本の電力改革、あるいは原発を日本においておくかという話に直結するからである。私はこういうパフォーマンスが大嫌いだけれども、菅総理は、原発対応という最中に、蓮舫節電担当大臣という何の意味もない人事を行った。するとすぐさまサマータイムの導入とか言い出したので意見を言いに行こうとしていたところ、いつの間にか立ち消えになった。嬉しいことに、私の言ったとおりに世の中は動いた。時計を変えたサマータイムというのではなく、各企業がピーク電力を避けるために休日を変え、就業時間を変えだした。

フランスでは1週間の冬休みにスキー学校がある。そのスキー学校が1週間だけ大混雑するの

日々の電源運用

◎最も経済的な運用となるよう、需要の変動に応じ、それぞれの電源コストの特徴を活かした組み合わせで電力を供給。
◎固定費は高いが可変費の安い原子力、一般水力、石炭火力はベース電源として、可変費の高い石油火力はピーク電力として、中間的な性格を持つLNG火力はミドル電源として利用し、発電コスト低減を図っている。

【一日の電力供給イメージ（夏期の例）】

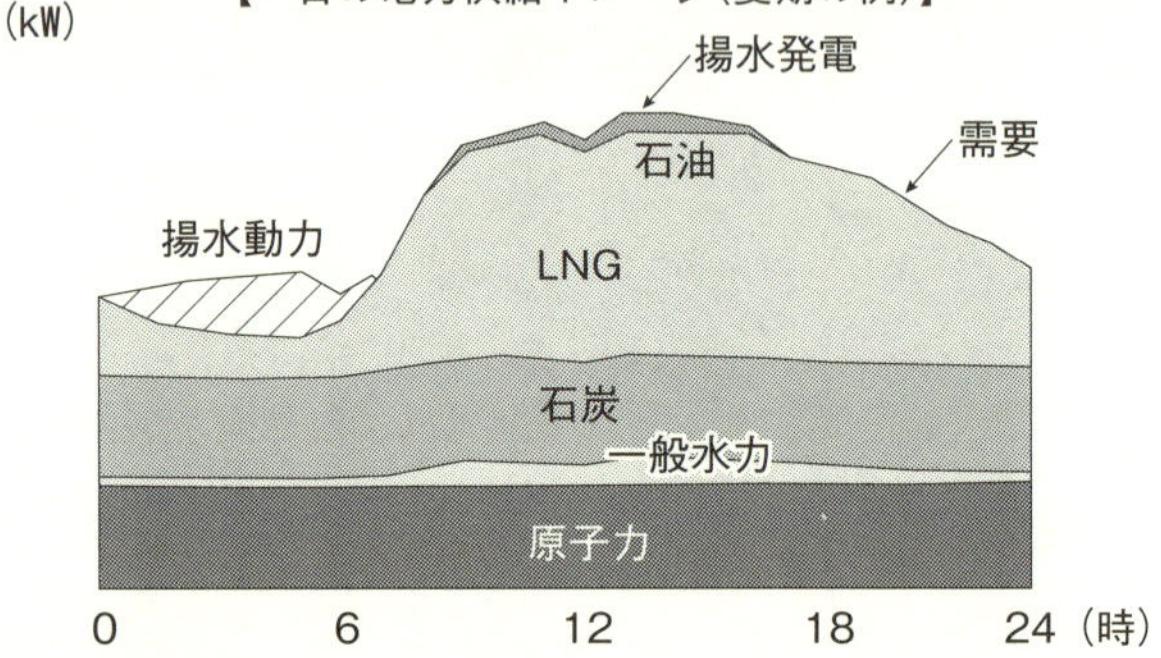

注：電気事業連合会作成

を避けるため、全国を三つに分け、冬休みをとるようになっている。たかが冬休みのとり方すら工夫してずらしているのである。原発事故による電力不足のときには、当然同じような対応をしていいはずだ。チェルノブイリの事故の後もウクライナでも電力不足で大変だった。共産主義国家で、国家の命令は絶対である。ピーク電力を抑えるため日曜日が休みではなく、火曜日が日曜日になり、水曜日が日曜日になりという極端なことが長らく続けられた。

日本でも5月のゴールデンウィークのピークを避けるために、ゴールデンウィークをずらしてやろうという話もある。ハッピーマンデーなどという変な仕組みもできている。この際本当に真夏のピーク電力が心配になったら、もっと思い切ったことをすればすむ。

休みをずらしてピーク電力を避ける

私は休みでいえば、1週間ぶっつづけの休みを年5回、いつでもとれるようにすることが、観光地にとってもどこにとっても一番いいことではないかと思っている。いつ休みをとるかというのは自主性に任せ、どうしても最低限の人を確保しないとならない会社なり組織の場合は、何分の1は必ずオフィスにいるようにとすればいいのである。

このような電力不足になったからには、上記の休日システムをちょっといじればすむ。つまり、東京電力管内の大きな需要者を分けて、休みを別の日にとってもらうことである。映画館や外食産業はもともと週末の仕事と割り切っている。床屋さんは月曜日が休みということになっている。必要ならば、大口需要者にこの際思い切って、夏休みを順番に1週間ずつローテーションでとってもらうようにすればよい。また、高校野球の夏の甲子園の後半が電力ピークというなら、大学の入学を秋にする時代で、もう一方が春の甲子園なのだから、夏休みを9月上旬までにし、秋の甲子園にすればすむことである。このようなルールをつくれば、日本人は、一番きちんと実行できる国民である。このままいけば2012年5月には全原発が停止するという。その際の電力不足の問題は、真夏のピーク電力の問題であり、これを上記のような休暇の工夫で避ければ原発は全く不必要な国になれる。

再生可能エネルギーの可能性

もしも福島第一原発事故がなかったとしたら、原子力産業界は史上最も好ましい時期を迎えていた。世界は「原発ルネッサンス」とやらで、久方ぶりに原発建設が進んでいた。いよいよ本格化してきた石油資源の枯渇と、CO_2を排出しないクリーンなエネルギーという二つの要因があったからだ。しかし、原発事故が何事につけきちんとした日本で起きたことが、世界に衝撃を与え、原発に対する考え方を一挙に覆してしまった。その意味では、福島原発事故は原発史上最も特筆すべきこととして、歴史に記されることは間違いない。

ドイツ、イタリア、スイスは一斉に脱原発に方向転換し、もともとのベルギーもオーストリアも加わり、ＥＵ諸国は再生可能エネルギー重視に移っている。それなのに、きっかけを作った日本がボーッとしていては罰が当たる。日本こそ「再生可能エネルギー革命」の先頭を切らなければならない。

再生可能エネルギーの推進はドイツに見習え

日本はこれを機会に再生可能エネルギーの技術開発に専心し、そこへの投資を含め、世界でい

発電効率化〈エネルギーシフト〉

◆ドイツは原子力から再生可能エネルギーへ、石炭からガスへ。
◆日本は、原子力、化石燃料が引き続き主役。

ドイツの一次エネルギー源構成の推移

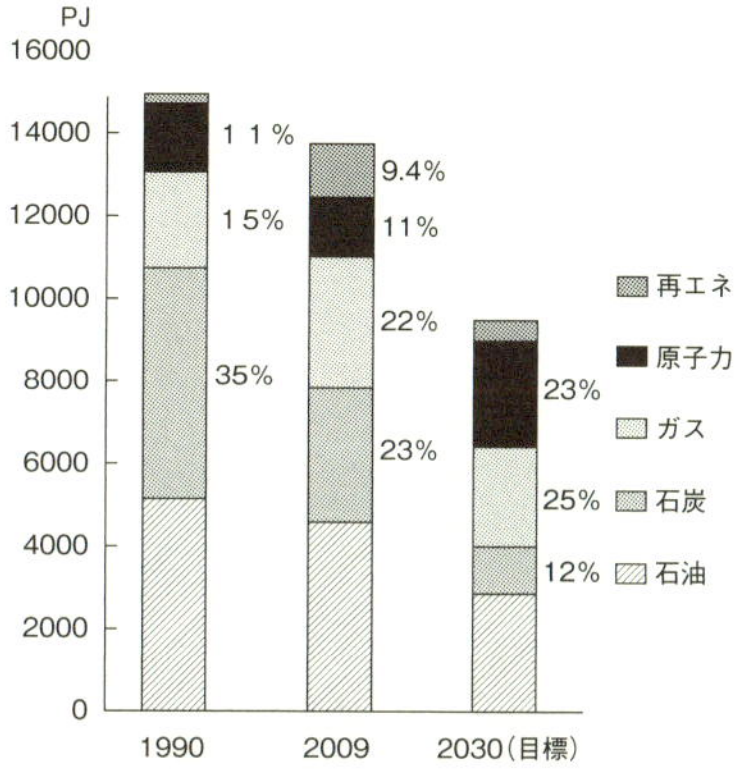

(出所) Leadstudy2010

日本の一次エネルギー源構成の推移

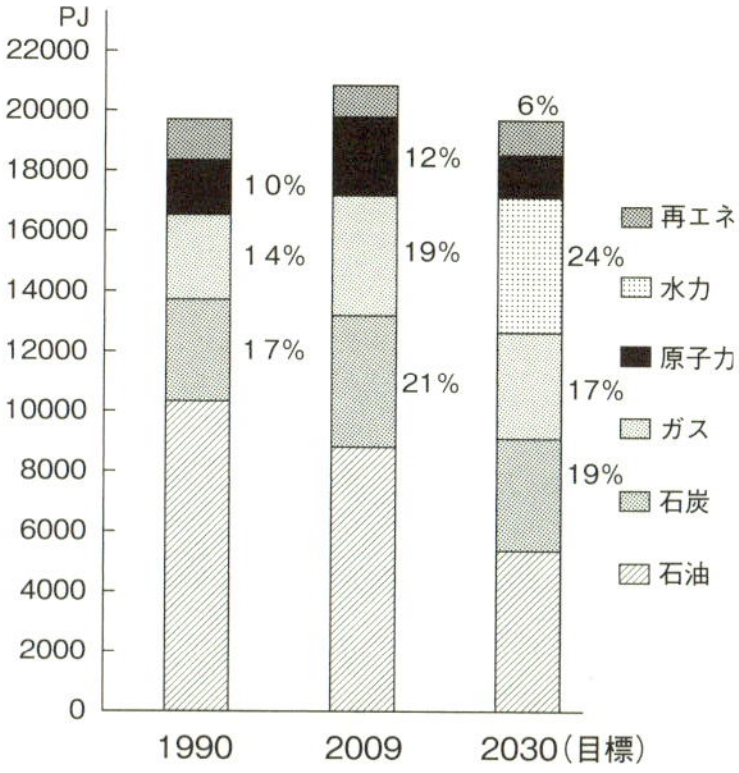

(出所) 2010年エネルギー基本計画

原子力が発電に占める割合と家庭用電気料金

	原子力依存度 (%、2009年)	家庭用電気料金 (kW時／米ドル)
フランス	76.2	0.16
韓国	32.7	0.08
日本	26.9	0.23
ドイツ	23	0.32
米国	19.9	0.12
英国	18.6	0.2

(OECDエネルギー統計2011年版)

ち早く循環型社会をつくることである。言ってみれば3月11日を敗戦の8月15日と同じように位置付け、この日を区切りとして原発に見切りをつけたということにすべきである。石橋湛山は8月15日に、敗戦を嘆く日本国民が多い中、これで日本が救われるという慧眼を見せている。それと同じである。これを機会に原発を捨てることができたと喜び、すっかり身軽になって再生可能エネルギーを推進すべきなのだ。

今の時点で、再生可能エネルギーと原発のコストを比較するのは正しくない。原発は国家の手厚い保護を受けてきたのに対し、再生可能エネルギーはドイツなどと比べたら、それこそおそまつな政策で、さっぱり推進してこなかったからだ。もんじゅに2兆円余をつぎ込んだことを考えれば、再生可能エネルギーの開発に日本が取り組み、ヨーロッパ並みに追いつくことなど、そう難しいことではない。

ドイツでは2002年、シュレーダー首相は強硬に反対する経済界を説得し、脱原発法を制定した。その後、再生可能エネルギーの開発促進に真剣に取り組み、今や電力量の割合も17%となっている。それを日本政府は産業界の言いなりになるだけでなく、お先棒を担ぎ、54基もの原発を建設し重大事故を招いてしまった。それどころか民主党政権は、2010年6月のエネルギー基本計画では、2030年までに14基以上の新増設を行うと、自民党政権を上回る数値目標を決めていた。これが、3・11でひっくり返されることになる。要は政府、産業界のやる気なのだ。ドイツにでき日本にできない理由があろうか。日本はこの分野に投資をしてこなかったのである。その結果、水力を除く再生可能エネルギーによる発電は1％にも満たない。

3・11以後のドイツの反応は早かった。3月27日　保守層の強いバーデン・ビュルテンベルグ州議会選挙では、反原発の緑の党が躍進、初めて緑の党の州首相が誕生した。こうした動きを受け、メルケル首相は、シュレーダー首相時代の原発廃止を先送りしていたものを、すぐさま32年の寿命がくる原発を廃炉とし、2022年までに脱原発し、2020年までに再生可能エネルギーを35％にすることを決めている。この点については6章に詳述したとおりである。

再生可能エネルギーで地方の活性化

原発に今雇用されている何千人もの雇用が失われるということがよく言われる。しかし、それもケチな話である。再生可能エネルギーは地方に分散される。地方は、自前では生きられず寄生的生き方しかできない都会と違い、食料のみならずエネルギーも地産池消できるのだ。危険極まりない原発を押しつけられるのと違う。バイオマス発電も太陽光発電も、風力発電も大都市に設置するには無理がある。地方にまさに雇用が生まれ、地方にお金が循環することになるのであり、これこそ地域の活性化につながる。

長野県の大型水力発電の多くは県外に送られているが、エネルギーの地産池消をすれば、そちらのほうの投資が地方に膨大に増えていく。地方は食料も、エネルギーも自立できることになる。長野県のピーク電力は290万kWだが、小水力や太陽光を95％の家に設置すると640万8

000kWとピーク電力を大きく上回る。大災害があっても、自立もしやすくなる。再生可能エネルギー技術は、シューマッハーのいう中間技術(Intermediate Technology)で、経済成長をしていかねばならない発展途上国にもすぐに移転でき、世界にも貢献することになる。

これには、発送電分離を導入し、菅総理が退陣の条件とした固定価格買取制度(Feed-in Tariff, FIT)が不可欠である。更にいえば、電力網と情報網の両方につながるスマート・メーターも必要となる。かくして家庭もピーク時には節電したり、太陽光発電をした電気を電力会社に供給したりできることになる。やれることは何でもやってみることである。

農水省は、2011年6月22日、農地への復元が不可能な耕作放棄地など17万haで、太陽光と風力合わせて2260億kW、間伐材や家畜排泄物、稲わらなどバイオマス発電で約45億kW、農業用水路などで275億kW、地熱で70億kW、洋上風力発電で720億kWと合計4250億kWで、総電力の4割が賄える潜在力があると公表した。

再生可能エネルギーといえば風力発電と太陽光発電が代表であり、あちこちで語り尽くされていると思うので、ここではマイナーな地熱、小水力、バイオマスについてだけ考えを述べる。

地熱発電から温泉熱発電、高温岩体発電へ

日本を資源小国であり、資源は外国に頼らないとやっていけないと決めつけている。

しかし、足元をみれば、地熱資源大国といえることに少しも気づいていない。火山国でありな

がら、ほとんど手をつけてこなかったのだ。１９６６年、岩手の八幡平に松川地熱発電所ができて以来、東北・九州を中心に、日本最大の八丁原（大分県、11万kW）をはじめ全国に13か所、54万kWあるが、総電力に占める割合は０・28％にすぎない。

近年、世界は再生可能エネルギーへのシフトが進み、２００５年から２０１０年の５年間で20％も地熱発電が増加している。同じ火山帯のフィリピンはかつて原発建設を進めたが、反対運動が起こり、稼働直前の１９８６年中止を決断し、今は国内総発電量の５分の１を地熱発電で賄っている。そして、その技術の大半は日本発であり、70％は日本の富士電機、東芝、三菱重工の３社が供給している。ところが、日本一国だけが原発にばかり目が行き、力を入れてこなかったのである。その結果、世界第３位の地熱資源量（２３４７万kW）もあり技術もあるのに、地熱発電量は世界で８位に甘んじている。

地熱とはちょっと元が違う温泉熱利用の「温泉熱（バイナリー）発電」も、個々では小さいが有効活用できる。日本には温泉と共存し発電ができる高温温泉は１５００か所以上ある。また、地熱発電の新技術として、地下の高温の岩体に水圧技術を利用して人工的に割れ目を作り、熱水や蒸気を回収する「高温岩体発電」に大きな関心が集まっている。温泉とも競合せず、地中深く掘削すればどこでも発電でき、ドイツやオーストラリアも意欲的に取り組んでいる。

今までは、日本では開発リスクが高く、コストもかさむ、自然公園法等の規制が厳しい、温泉事業者との調整が必要等のできない理由が並べ立てられてきた。ところが、天候に左右されず安定した発電源となり、稼働率は70％と高く（太陽光12％、風力20％）、発電コストも8〜22円／1kW時と太陽光の49円と比べて安く、長期にわたり利用が可能という利点が見逃されている。要は経産省、電力業界は安さにつられて安易に原発にばかり頼り、さっぱり真剣に取り組んでこなかっただけだ。２０１２年3月、国立公園内での垂直掘削も条件付きで容認され、福島県の磐梯地域でも事業が始められる。

環境省の調査によると、日本の潜在的地熱発電量は、２３４７万kWと原発23基分もあり、原発に代わるベース・ロードとなりうる。風力、太陽光と違い天候に左右されず、安定しているからだ。日本は火山国ゆえの地震国、原発は無理だとしたら、その地理的特徴を逆手に取った地熱発電こそ、逆転の発想で取り組むべき再生可能エネルギーである。他国と比べたら地熱発電地域は集中しており、効率もよい。日本のやる気だけが欠けているだけだ。２０５０年には、全体の10％を占められるかもしれない。

日本の気候と地形を活かす小水力発電

日本で再生可能エネルギーというと、ソフトバンクの孫正義社長が設立した自然エネルギー財団といったことがすぐに取り沙汰される。しかし、太陽光発電が一番資材が多く必要ではないかと思われる。風力発電もいろいろ取り上げられるけれども、騒音・低周波音や鳥が羽にあたること等、環境上の問題点も指摘されている。バイオマスというのもまだ途についたばかりで、何よりも原料の調達に難点がある。そのような中、忘れてはならないのは小水力発電である。①1000kW未満371か所、3万kW未満だと2600か所で、②導入可能量は原発10基1400万kWと見込まれる。

理由は簡単である。日本は平均降雨量が年間1800㎜、世界平均の3倍近くである。かつ、山ばかりで傾斜があり、位置のエネルギーがあるのだ。このため自然と水車も発達し、かつては8万か所の水車があったといわれている。水量が減らず発電量が一定であり、川の環境にも影響を及ぼすことがない。そして、簡単で安くできる。従って、中山間地域ほど有望であり、長野県は潜在力では一番多い。まさに「エネルギーの地産地消」である。

オランダは真っ平で、風車が発達したが、日本も水車でもって米をついたりしていた。そういえば、明治初期に日本に来たオランダの土木技術者デ・レーケは、「日本の川は川ではない、滝だ」と称していた。また、戦後に訪れた外国人専門家も、日本は水力発電でやっていける幸せな国だと語った。日本がこれほど電気を使う工業国になるとは想像だにしなかったのだろう。

織田史郎中国電力重役のおかげで中国地方に多い小水力発電

私は、25年ほど前に、どこかの雑誌に、日本では小水力発電がローカル・クリーンエネルギー源に有望だと書いた。それを目にした「中国小水力発電協会」から、講演を依頼された。しかし、私は、農業問題や環境問題全般なら2時間でも3時間でも話せるが、「小水力発電は大切」

と言うだけで、1~2分しか話せませんとお断りした。それでもいいからというので週末、山陰の総会会場に出向いた。

今、風力や太陽光ほどではないが、やっと小水力発電にも関心が向けられるようになったが、当時の悩みは、耐用年数がきて更新期を迎えた小水力発電を更新するか、もうやめるか迷っているというときだった。私の結論は、当然絶対更新して活用すべしというものであった。

そこで知ったのが、ある一人の人物のおかげで、中国電力管内に圧倒的に小水力発電が多いということである。戦後各地に発電所ができたとき、今の電源開発に伴う交付金と同じようなものや農山漁村電気導入促進法があり、それで小水力発電が造られた。そして、それを強く勧めたのが、中国電力の前身中国配電の元重役、織田史郎という傑出した人物だった。1928年アムステルダム・オリンピックの三段跳びで金メダルをとり、国威を発揚した織田幹雄の兄である。重宗雄三参議院議長等政界人脈を活かしながら、法律の制定や予算の獲得等に成果を上げている。

50歳で退職後、自ら小水力発電を設置する会社を立ち上げ、社長として中国山地のあちこちに74もの小水力発電を造っていった。農民が大半の地域住民も電力を使う、中国電力には水力発電のノウハウがあるからすぐ造れる、自分の使う電力を自分たちの近くで発電するのが一番効率がいい（つまりエネルギーの地産地消）等、織田社長は、小水力発電の効用を説き、住民がそれに従った。

織田社長は、他の小水力発電が自分で使うだけのものだったのに対し、全量をかつて重役だった中国電力に売る、今でいう全量売電方式を導入した。一方、他の地区では東電をはじめとして今では当たり前の売電が認められず、せっかくの小水力発電もそれほど広まらなかった。「日本には資源がないというが、水力という資源は豊富にある。石油は限りある資源だ。水力は国産エネルギーだ」と言って回ったという。そして、住民が出資して配当を受け取る仕組みまで考えていた。

50年後の姿を予測する先見性には舌を巻くばかりである。

買電義務と固定価格買取制度という順風

小水力発電の難点は、流量が多いときは発電できるが、水が涸れるときは発電できないということにあったが、今や固定買取制度ができている。渇水期には発電できないけれども、雪解け時のように川に大量の水が流れているときには、自分たちで使いきれない発電ができることから、余ったら電力会社に売るということで十分ペイする仕組みになっている。

私は、このことを土地改良事業のなかでいつでもできるのではないかと力説してきたし、事業としてできることになっていたが、なかなか国も積極的に進めず、面倒臭がった土地改良の関係者もあまり推進してこなかった。

しかし、固定価格買取制度ができて、小水力発電も１kW20円とかの採算の合う価格で買い取ってくれるようになれば、急激に増えていくのではないかと思う。

食べ物ばかりではなく、電力にしても地産池消が必要であり、地元で発電する必要がある。このことは3・11の東日本大震災のときに痛感したのではないかと思われる。食料も水もエネルギーもコストや環境面からみても地産池消がベストなのだ。

がれき処理も兼ねたバイオマス発電

日本の山は、荒れ放題である。日本の国土の3分の2を占める山には、バイオマスが豊富にあり、これをエネルギー源として使えれば、地球温暖化にも影響なく、日本はエネルギーでも自立できることになる。ところが、バイオマス発電はコストがかかり過ぎ、価格が問題となる。そういう意味では、ここでも固定価格買取制度がすべての鍵を握る。

前述のとおり、まずは熱源としての利用だが、発電も十分に可能である。そして、東日本大震災のがれき処理に絡んで思わぬことが可能になりつつある。阪神淡路大震災は大半が石やコンクリート等の不燃がれきだったが、東北は木造家屋が多く、2500万tに及ぶがれきの中で、木質系がれきの割合が相当ある。私も数回現場に赴いているが、鉄と石等と木質がきれいに分別されている地区もあれば、何でもかんでも一緒に積み上げてある地区もある。

菅政権下の農林水産副大臣のときに、この木質系がれきを原料にしたバイオマス発電所を作ることとし、第三次補正予算から始めて第四次補正でも4~5か所できることになっている。現地の要望もあり、今のところ定かではないが、私の目論見としては、まず数年、すぐ近くの木質系がれきを原料にして発電し、それで軌道に乗ったら、間伐材や廃材あるいはその他の稲わら等農業で生じたセルロース系のものも材料にした発電に移行していくというものである。取らぬ狸の皮算用になるが、当面の木質系がれきにばかりとらわれて、海岸端ばかりに造らず、その後のことも考えて山側との中間に造れと勝手な理想的分布を命じて農水省を去った。

広域がれき処理もバイオマス発電につなげる

そして今（2012年3月）、がれき処理が進まず、広域がれき処理を進める議員連盟ができ、私も副会長として参加している。

神奈川県の黒岩祐治知事が岩手県宮古市のがれきを受け入れると表明し、横須賀市の住民から猛反対されている。福島原発のがれきではないのに、少しでも汚染されたものは受け入れないという強烈な拒否反応である。いくら安全だといっても、今までの国や東電の嘘発言に住民は信じる気になれないのだろう。静岡県島田市の桜井勝郎市長も受け入れを宣言して活動を起こしている。そして、受け入れ対象を岩手県山田町と大槌町の木材に限定し、かつ100Bq／kg以下、焼却灰1500Bq／kg以下と国より厳しい独自の基準を設けている。非常に賢い手法である。

各県も市町村も悩んでいるに違いない。輸送に伴うCO_2の排出等の無駄を考えたら、かさばるがれきこそ地元で処理したほうがいいのは明らかだが、いかんせん量が多すぎる。全国で助け合わなければならない。

長野まで運んでくるとなるといろいろコストがかかり過ぎるが、もう一つの利用として、仙台市近郊の温室栽培の燃料に使う手もある。イチゴ栽培は冬でも行っているが、重油を使うのはもったいない。処理に困っている木質がれきを使い、その後は木質チップなどのカーボンニュートラルな燃料に変えていく必要がある。

8章

二重の被災国日本は
核兵器も原発も
廃止宣言を

恥ずかしい日本の原発輸出

国内では脱原発、減原発等いろいろきれいごとを言っているが、日本の見苦しい姿が一番出ているのが、原発輸出の再開である。

２０１１年12月、ヨルダン、ベトナム、ロシア、韓国を相手とする、原子力四協定が衆参両院で承認されたが、私は、これは大問題だと思っている。民主党にも良心的議員はおり、衆議院で20余名、参議院では数少ない女性議員５人を含む12名が棄権した。更に、これにトルコ、インド、ブラジル、南アフリカ、アラブ首長国連邦との同様の原子力協定は続いているが、私もこれらには反対せざるをえない。国内と外国とを使い分ける、ずるい二重基準である。ベトナムとヨルダンは輸出絡みであり、ロシアとはウラン濃縮サービス活用やウラン燃料調達、韓国とは日本からの原子力資材輸出や技術移転とそれぞれ目的が違うが、いずれも核不拡散防止条約（ＮＰＴ）との関係で、原発を平和利用に限定し、原爆につながらないようにするために必要とされている。

首脳会談で決まったベトナムへの原発輸出

２０１０年10月26日、福島第一原発３号機で、日本で三つ目のプルサーマル運転が開始した。

34年経った古い原子炉が、その半年後、水素爆発するとは思っていなかっただろう。恥ずかしながら、民主党は自民党よりも積極的に原発を推進してきており、ちょうど同じ頃（10月31日）、菅総理は前原外相とともにベトナムを訪問し、グエン・タン・ズン首相との首脳会談で、原発2基の輸出を決めていた。11年10月には、野田総理との首脳会談でも、日本からの原発輸出が確認されている。ベトナムは２０３０年までに14基を稼働させる長期計画を持っており、14年に建設が開始される。また、ロシアから2基輸入することも決まっている。残りの10基について、韓、仏、米、中も加わり、6か国が輸出競争をしている。

ベトナムは現在、経産省の予算20億円をかけて実施可能性調査が進んでいるが、施工運用技術の問題、汚職腐敗のガバナンスの欠如、津波対策の不備、周辺諸国の反対等いろいろな問題がある。経済成長優先を掲げる共産党が独裁体制を敷いており、表立った反原発の声は上がらない。関係者は福島第一は第二世代だが、最近の安全性の高い第三世代の原子炉を導入するから大丈夫だ、と安全性を強調している。

地震とテロと二重の危険国ヨルダン

より問題なのは、ヨルダンである。ヨルダンは、ユーラシア、アフリカ、アラビアの三つのプレートが重なり合う、シリア・アフリカ断層の上にある地震国である。かつ、原発立地場所は人口の多い都市アンマン（人口約１２０万人）から約40㎞にある砂漠地帯で、アムラ城やボスラという世界遺産も近くにあり、エルサレムまで約１００㎞である。ヨルダンの工場の50％が近くにあり、背後に穀倉地帯もある。事故が発生した場合は、２００万人が避難しないとならないという。世界中に約４５０基ある原発の中でも、これだけ人口の多い立地は異例である。また、原発には必須の冷却水の手当もままならず、標高差が１００ｍぐらい下にある、下水処理場の処理水を利用するという危ういところである。

立地条件が、日本の地震多発地帯と同じように危険であるばかりでなく、平和な日本と異なり紛争の絶えない中東の国である。原発そのものは当然のこととして、冷却水を送る水道管もテロの標的になる。ヨルダンは、エネルギーを96％も海外に依存している。国王が周囲のアラブ諸国と対立したり、「アラブの春」でガスパイプラインが破壊されたりしたことから、政府は安い原発を２０１９年末までに稼働させたいと考えている。国王が任命する上院は賛成しているが、直接選挙の下院は8割が反対、国民も特に福島原発事故以降は反対が大半を占めている。

ロシアとカナダがライバル原発輸出国で、入札の締切もあり、批准が急がれていた。

世界から白い眼でみられる日本の原発輸出

原発輸出を推進する人たちは、さまざまな言い訳をする。

これだけの大事故を起こしたので、日本国内では当分新規の原発建設は無理である。アメリカも１９７９年のスリーマイル島の原発事故以来33年間、新規の建設はなかった。そのため、日本の原発技術を維持し、収束の技術を磨くためにも外国に輸出せざるをえない。一基５０００億〜６０００億円し、日本のシームレス（継ぎ目のない）圧力容器等の建設に蓄積した技術は、世界最高である。２０１０年の新経済成長戦略でも、インフラ輸出として織り込み済みだ。だから日本経済を牽引するためにも、原発を輸出していく以外に途はない……と後付けの理屈が並ぶ。

つまり、日本の原発産業基盤と人材を維持するためにも、海外への積極的なビジネス展開を図る必要があるというのだ。日本は武器輸出三原則を堅持してきた。つまり、「死の商人」にならないように厳しく律してきたのである。それをチェルノブイリと同じレベル７の大事故を起こしながら、平然と原発を輸出するというのは、「死の灰の商人」になったと同じに見えてくる。

国民には今の暮らしや経済よりも、将来世代にツケを回さないために、少々我慢をしてほしいと、消費増税を押し付けておきながら、原発関連企業には儲けのためには、安全などお構いなく、どんどん輸出してよいというのは、どう考えても腑に落ちない。

独・伊等の先進国は、もう脱原発を決定し再生可能エネルギーにシフトしているというのに、日本の経済優先もここまでくると極まれりである。故郷を追われている福島の人たちや国際社会から信頼を得られまい。

発展途上国はCO_2の排出においても頑として譲らない。先進国は自分たちが、CO_2を出し尽くし、成長し終わったあとのツケを回している、と怒っている。今後先進国に追いつくためにも、原発推進の方向は変わらない。ＩＡＥＡによれば、２０１１年の夏の段階で、世界30か国で稼動する原発441基のうち、82％はＯＥＣＤ（経済協力開発機構）加盟国の先進国のものである。しかし、現在建設中の67基のうち、55基は非ＯＥＣＤ諸国であり、途上国シフトは今後ますます強まることは確実である。

例えば、中国は27基の原発を建設中で、２０２０年までに60基新設し、30年までに１７０基建設する計画を立てているし、インドも中国を牽制する狙いもあり、現在の20基を40基に向けて積極的な姿勢を変えていない。前述のとおり、ベトナムもロシアの2基と、日本からの２基輸入も決まっている。リトアニアも日本の受注が決まっている。日本は福島の反省もなく平然と輸出しようとしており、４基を建設するトルコとヨルダンの1基に向け受注競争を展開中である。

原発輸出は典型的「エコダンピング輸出」

野田総理は、脱原発と言いつつ、相手の事情があるし、世界の原発需要に積極的に対応していくべきだという。そこに、近藤駿介内閣府原子力委員会委員長が、国際協力により世界に貢献すると白々しく年頭所信を述べている。詭弁の最たるものである。

日本に求められる国際貢献は、二度と事故を起こすような危険な原発は輸出しないことなのだ。

これらの理屈はもっともらしく聞こえるが、聞く人の心を打つものは何もない。まず、日本はまだ原発事故は収束していない。ほぼ1年経っても、原子炉の中がどのような状態になっているか、本当のところまだわからない。事故の対応技術も確立しておらず、責任が持てないのに売りつけるのは無責任極まりない。輸出先国で事故が起きた場合にも、ろくな対応もできないままで輸出だけ急ぐのは倫理に悖《もと》る。

福島県民15万人が避難を強いられている。6万人が県外避難し、子供たちだけでも避難区域以外からも1万人以上が故郷を離れている。放射能汚染が激しく、放射線量が高く、人間が近寄れないでいるのだ。福島県民感情からしても、とても原発輸出は容認できまい。福島県選出の増子輝彦参議院復興特別委員長や金子恵美参議院議員が、採択に加わらず棄権しているのも、そうした県民感情に配慮した上でのことである。なお、前述したとおり参議院で棄権した12名のうち女性が5名であり、やはり女性のほうが将来世代により責任を持とうとしていることがわかる。

途上国が成長を望むのは当然であろう。しかし、それに乗じて原発を輸出するのは、日本が地方の過疎市町村に札束で顔を叩く形で、原発を押し付けてきたのと変わるところがない。それを、野田総理は、国会で「日本の安全性の高い技術を欲しいという国があるから、その期待に応えていく」と、都合のいい答弁をしている。日本で危険きわまりなくなった原発を、金儲けのために発展途上国に売り付けているのだ。公害企業が、自国の環境規制を逃れるため、規制の緩い国に進出するのと変わらず、見苦しい「エコダンピング輸出」の一つである。

LDCのためには当座はLNG発電、将来は再生可能エネルギー

発展途上国（LDC）が貧困からの脱出のため、当座の電力が必要で、きれいごとは言ってお

られないという。しかし、火力発電所より時間がかかり、事故対応も考えたらコスト高になる原発を勧めるのは長期的には問題である。むしろ日本の優れた液化天然ガス（ＬＮＧ）による発電の技術を勧めてやるべきである。天然ガスは安く、工期も短く、建設費も原発に比べて10分の1、CO_2排出量が石油・石炭と比べて半分、熱効率は原発3割に対して6割と、火力と比べても2倍のガスコンバインドサイクル発電という技術が確立されている。天然ガスの価格は、シェール・ガスの開発が先進国アメリカ・カナダで行われていたことから、ピーク時の3分の1近くに下がっている。ＬＮＧは、政情不安定な国が原産国のウランよりも、ずっと安定したエネルギー源である。

あるいは、そうこうしているうちに、数十年後には再生可能エネルギーの技術の開発が進む。それを見定めて、一足飛びに、再生可能エネルギー技術の支援ができるまで待つのが妥当である。

原子力協定でも、そのところは明らかにされていないが、もし日本と同じように事故が起こった場合、一体どうするのか。安全管理が日本と同じようにできるというのだろうか。事故の負担も東芝・日立・三菱重工が負い、それをまた日本政府が支援しなければならないという構図になりかねない。それより、事故が起きたら、日本は国際的に批判されるだろう。

インド政府の周到な発言と民衆のもっともな思い

専門家の間では、福島のＧＥのマークⅠ型原子炉は、問題があると言われてきた。しかし、原発事故の責任は、メーカーは免責され、事業者だけが負う国際的ルールがある。さすが目敏いインドは、原発建設を急いでいる中で、メーカーに損害賠償を請求できると言い出した。1984年のボパール化学工場（アメリカのユニオンカーバイド社）事故の教訓から、途上国の規制が緩いことに乗じて、安全管理の手を抜くことを許さない姿勢を明確にしたのだ。当然の要求である。

2011年12月28日、インド南部タミルナド州の原発反対派住民が、インドを訪問中の野田総理宛に「福島（第一原発）の事故による被害を抑え込もうと自身が苦労しているときに、その危険な技術を他国に売ることには道義的正当性がない」として、インドとの原子力協定締結交渉を再開しないように求める、公開書簡を出している。ロシアの支援で完成間近の、クダンクラム原発の周辺住民は、2004年のインド洋大津波で被災した人が多く、福島の惨状を知り、反対運動を激化させているのだ。日本の原発事故に恐れおののいているのは、ドイツやイタリアばかりではない。

ただ、インド政府はしたたかである。1974年には最初の原爆実験を成功、98年に2回目を行い、アメリカとの関係がしっくりいっていなかった。しかし、アメリカも現金で、中国への牽制もあり、インドの核実験も許されている。これに目を付けた韓国は、日本を尻目にインドと原子力協定を結んでいる。韓国は、今や得意芸となった、大統領を先頭にした官民一体化戦略を推進中である。しかし、日本は韓国と同じ道を歩む必要はあるまい。

2012年2月、日本の協力のもとに、原発建設を計画していたクウェートが、原発建設を断念した。小さな国であり、事故が起きれば国中が汚染されることを憂慮したからであり、極めて良識的な判断である。

親日国モンゴルにつけ込もうとした狡い日本

親日国モンゴルにつけ込んだ「核のゴミ」輸出計画

日本は戦略もなく、数を増やすだけが目的かのように、FTAを結びやすい国と共同研究を始め、その結果を受けてFTAを締結している。モンゴルともその段階に入っているが、モンゴルの対日輸出は、鉱物資源（石炭・蛍石）等で僅か20億円、日本からの輸出も140億円と少なく、小さな貿易相手国である。それよりも何よりもFTAの内容すらそれほど理解していないので、日本が手取り足取り教えながら進めているという。親日国モンゴルにとって、日本が初のFTA対象国となるからである。

しかし、私の心が寒々としてくるのは、そのモンゴルの知らないことにつけ込んでアメリカとともに、日本の放射性廃棄物すなわち核のゴミのみならず、日本の原発を輸出した国の分をも引き受けさせるという、それこそ恥知らずの計画が進んでいたことである。この事実を明らかにした見事な国際報道で、毎日新聞の会川晴之記者が2011年度のボーン・上田記念国際記者賞に輝いている。このことを我々に知らせてくれた会川記者には心から拍手を贈るとともに感謝したい。このまま極秘で進められたら、日本のモラルを問われ、世界から蔑視されるところだったのだ。また、大相撲を通じて国民も日本に親近感を抱いてくれているのに、それらを打ち砕く恐れもあった。

核のゴミの輸送には危険が伴い、テロの標的にもなる。日本では国外のことなのであまり騒がれないが、英仏への再処理用の輸送は、少なくともパリではデモの対象となっていた。実施段階になったら、通り道の中国もロシアも黙っておらず、国際問題になっていただろう。会川記者の記事により一つ国際紛争の種がなくなり、皆が救われたのである。

「トイレなきマンション」原発の泣きどころ

使用済核燃料は、その処理方法が定まらず、原発は「トイレなきマンション」といわれ、どこの国にも悩みの種である。プルトニウムになると半減期が2万4000年、無害になるまでに10万年はゆうにかかる。世界で唯一、フィンランドで地下430mに埋め込み処分する計画が進行中である。このことを関係者が淡々と語るドキュメンタリーがNHKで放映された。2009年に『100000年（10万年）後の安全』という映画も作られている。

「オンカロ（隠し場所）」と名付けられた最終処分場は、3㎢のオルキルオト島の中央部にある。日本と異なり、1980年代から徹底的に情報公開し、国民的議論を行った。チェルノブイリ原発事故後の原発への疑念の高まりもあり、やっと世界初の試みが始まったところだ。しっかり議論したのであろう。他国の核のゴミを引き受けることを禁じている。

10万年後は、人類がどうなっているかわからず、「危険」という文字も、いくら各国の言語を使ったところで、解決不可能な古代文字になっているかもしれない。我々が10万年前をほとんど知らず、その当時の文字もわからないのと同じである。このような核ゴミの処理は、ヨーロッパ大陸が古い大陸で地震も起きないから可能なのであり、日本のように四つのプレートが重なり合い、今も新しい陸地ができつつある国では不可能なことである。

会川記者の記事が流れを変える

会川記者の渾身のレポート記事が、日米の悪巧みを暴いてくれた。

交渉は2010年9月下旬、ポネマン米エネルギー省副長官の主導で、経産省、モンゴル外務省の担当者との間で極秘に始まった。日本は、青森県六ヶ所村に一時貯蔵施設はあるものの、国内に最終処分地を選定する計画は進んでいない。アメリカも02年にネバダ州に一旦決まった最終処分地が、地元の反対でオバマ政権下で計画中止になったままである。ロシアは、放射性廃棄物の引き取りも材料にして原発を売り込んでいる。

モンゴルには、150万t以上のウランの推定埋蔵量がある。モンゴルは、日米の放射性廃棄物の貯蔵・処分施設建設の見返りに、日米から原子力技術支援を受け、核燃料加工施設や原発を建設するという計画だった。日米両国には、計画実現でウラン燃料の安定確保も狙えるという好都合なものである。

こうした中で、経産省は、処分問題を解決し、東芝、日立、三菱重工等の原発メーカーの国際的ビジネスを支援できるとみていた。それこそ浅はかな猿知恵である。日米両大国とも、自国でできないものを、金と原発建設援助という飴で釣って、弱小国に押し付けるという魂胆である。日本が長らく弱小市町村に金にあかせて危険な原発を押し付けてきたのと変わるところがない。

２０１１年6月10日、訪米した細野豪志首相補佐官（当時）がポネマン副長官と会談し、この薄汚い計画が着々と進められつつあった。

ところが経産省の独断専行に外務省が待ったをかけた。細野補佐官や経産省が国を誤らんとしたのに対し、外務省は自らの役割を果たした。その後、福島原発事故が起きたため、３か国の政府間覚書への署名は延期された。計画には、その後、アラブ首長国連邦が加わった。核のゴミを先進国が途上国に負わせる構図である。

しかし、２０１１年5月9日の毎日新聞のスクープ報道で計画が明らかになった後、モンゴル各紙は「チンギスハンの聖地を汚す」と計画への批判を展開し、市民団体は計画撤回と情報公開を求めてきた。

政策を変更できるモンゴルと従来路線にしがみつく日本

モンゴル政府は、計画の存在を否定し、火消しを図ったものの、ついに9月13日、エルベグドルジ大統領が、核廃棄物貯蔵問題で、外国政府や国際機関と交渉することを禁じる大統領令を発令した。9月21日の国連総会演説で「モンゴルに核廃棄物処分場を建設することは、絶対に受け入れられない」と表明した。日本が、大原発事故を引き起こしながら、まだ原発に固執し、再稼働し、あろうことか原発を輸出までしようとしているのと大違いである。ドイツのメルケル首相と同じで、さっさと政策を転換している。経産省がモラルを持っていたら、3・11を踏まえ、真っ先にこのモンゴル国民を愚弄した計画を、恥ずかしながらこんな大事故を起こしてしまったので撤回して詫びると言い出すのが筋である。通産省は、戦後の高度成長の司令塔などともてはやされたが、日本の陽が傾くとともにその面影は消えつつある。日本の成長は、本書の姉妹書『TPPはいらない!』(日本評論社)で述べたとおり、日本の農村地域社会で培われた優れた人々が必死で働いたからであり、ちょっと運がよかっただけかもしれない。「貧すれば鈍する」のか、お人好しの弱小国を犠牲にせんと卑しいことを始めてしまった。私は、この下劣な計画を進めた関係者には、猛省を促したい。

一連の恥ずかしい原発がらみの行動の中で、私は本件が最も恥ずかしいことではないかと思う。本書のサブタイトルにあえて「恥」を入れたのは、まさにモンゴルに対する日本の「恥」ゆえである。

もんじゅ、核燃料サイクルをやめ世界の核不拡散に貢献

危険な原発界の問題児もんじゅ

ここで核燃料サイクル、高速増殖炉「もんじゅ」について触れなければならない。なぜなら総予算額約1兆円もかけていながら、稼働してから17年間で動いたのはたった210日間、壮大な無駄だからだ。もんじゅは簡単に言うと、廃棄された核燃料を再処理してそれを更にまた使え、徐々に燃料が増えていくという、効率のいい「夢の原子炉」という振れ込みだった。その代わり、冷熱には水ではなく、液体ナトリウムを使う。ところが、そのナトリウムは水に触れると爆発し、高温状態で空気に触れると発火するなど、非常に扱いにくい物質であり、事故・故障の原因となっている。アメリカは1979年に核不拡散声明で撤退、フランスも世界初の実証炉を98年に廃炉にして、ロシアと中国がまだとどまっている。そうした中、日本はまだ延々と続けている。ところが、1995年にほんの少し発電をしただけで事故を起こし、事故映像を隠していたことが発覚した。

日本は、プルトニウムをプルトニウム・ウラン混合酸化物（MOX）燃料に加工し、既設の原発の燃料にすることに決め、福島第一原発3号機でも使われていた。安全性の問題があり使用に反対する関係者が多い。

2010年5月、14年ぶりにナトリウム漏れ事故から再稼動したところが、僅か3か月で、燃料交換のための装置が落下し、再び運転停止となっている。原子力機構の技術者は、ネジが緩んでいただけで大丈夫だといっているが、本格的に検査・修繕するとなれば、これから時間と経費がかかることは必至である。落下した装置の引き上げだけで17億円以上がつぎ込まれて、今止ったままでも、一日の維持管理費が5000万円、年間200億円もかかる。この高速増殖炉に既に約1兆円が使われている。もんじゅとセットの六ヶ所村の再処理工場も1993年に着工したものの、トラブル続きで稼働の目途が立っていない。だから、この金食い虫の核燃料サイクルだけはやめようという考え方が出てくる。

プルトニウム再処理断念で核不拡散に貢献

日本の原発は54基とされるが、もう一つ忘れてはならないのが、1993年に2・2兆円投じて建設された六ヶ所村再処理工場である。全国の原子炉の使用済み燃料型プルトニウムと残っているウランを取り出し、それを再び新しい燃料として使えるようにするものである。しかし、自ら作り出した高レベル放射性廃棄物をガラス固化できないためフル操業ができないでいる。原発の抱える最大の課題である使用済み核燃料の処理とプルトニウムの再処理、そして後で触れる潜在的核兵器保持国を一挙に達成する都合のいいものであった。しかし、作業は危険であり、貯蔵プールは、ほぼ満杯になっている。となるともう使用済み核燃料が受け入れられず、各地の原発の中に置かれることになる。

福島第一原発4号機の原子炉は止まっていたのに、使用済み核燃料プールの水がなくなり、再臨界に達するのではないかとアメリカ等からも一度心配された。原発は止まってからもずっと崩壊熱を出し続ける厄介者なのだ。他の国では「乾式貯蔵」と呼ばれるより良い方法を使用し、コストも低いというが、日本はあまり使っていない。危険だからやめようという考え方が出てくるが、そうなると、使用済み核燃料の行き先がなくなり、日本の原発はやめざるをえなくなるという矛盾も抱えている。

一方、日本が再処理を放棄すれば、国際的な核をめぐる安全保障には貢献できる。日本は、核兵器を持たずに再処理を行っている唯一の国であり、韓国のようにアメリカとの原子力協定の中で、日本と同じ権利を認めるように求めている国もある。またこのままだと、米中露英仏の5大国の核保有を「核のアパルトヘイト」として反発する国は、韓国に追随して日本並みの扱いを要求してくるかもしれない。しかし、核兵器製造への転用リスクから、国際社会は簡単には認めない。日本の例外がなくなれば、すっきり断れて、日本も北朝鮮に対してウラン濃縮をやめろと正々堂々主張でき、日本の安全にも不可欠な朝鮮半島の非核化に一歩前進である。

プルトニウムの半減期は2万4000年と人類の歴史を超える。日本国を守るために潜在的核保有国としての地位を世界に示しておく必要があるというが、その前に原発事故で、プルトニウム汚染が日本中に広まったらどうなるのか考えてみたらいい。皮肉なことに、国家を構成する日本国民を全く守れないことになる。また、ここまで嫌味は言いたくないが、もしどこかの核保有国とただならぬ敵対関係になったら、イラクの例にあるように日本は大量破壊兵器（この場合は核兵器）を製造しているに違いないととんでもない言いがかりをつけられ、侵略される恐れもある。このような潜在的核抑止力ではなく、「明示的侵略理由」にされかねない危険を避けるためにも、このあたりが日本のもんじゅ・核燃料サイクルからの撤退の潮時である。2012年末、イギリスも2040年からプルトニウムの再処理をやめ、地下に廃棄すると決めている。

プルサーマル、もんじゅと潜在的核保有

民主党には安全保障、すなわち防衛問題をずっと追ってきているいわゆる防衛族が非常に少ない。立派なご高説をたれていればよかった野党時代に続き、今もあちこちの委員会を渡り歩く議員が多い。確か自民党は二つぐらいの専門分野を担当させ、有無を言わせていないと思うが、この点、民主党は本当に民主的で希望を聞いてはそれに沿って所属委員会を決めている。防衛大臣が素人だと批判の的になっているが、かつての所属委員会で野田内閣の閣僚の適否を判断したら、素人が圧倒的に多い。史上最悪の素人内閣である。

安全保障・防衛問題こそ、国の最たる任務であり、政治そのものである。ところが、野党時代が長く、関心を持つ人が少なかったため、いい意味の族議員として頭に浮かぶのは、民主党では数人しかいない。そうした中では、私は、その後に続く数少ない防衛族議員を自負している。1982年、鈴木善幸内閣のもとに発足した内閣総合安全保障会議担当室に食糧安保担当で出向し、2年間、猪木正道、高坂正堯、佐瀬昌盛等の一流の学者や防衛庁の幹部とも濃密な勉強会をさせていただき、それ以来、日本の安全保障をずっと気にかけてきたからである。

それ以来、食料安保を考えるときにエネルギー安保を同時に比較し考えるのが癖になった。二つの安全保障を比べて日本のズレた感覚に戸惑うことが多い。例えば、エネルギー安保では端《はな》から自給を諦めてかかっている。石油が日本になく石炭も放棄したからである。ところが、ずっとそれが一貫しているかというとそうではなく、原発になると急にプルサーマル、もんじゅと日本が何でもやらなくてはならないという考えが支配する。原爆をすぐ作れる潜在力のある国であることを示す必要がある、と安全保障のプロをもって任じる石破茂自民党政調会長ははっきりと言っている。いわゆる「潜在的核抑止論」である。今は亡き中川昭一元蔵相も政調会長のときに、北朝鮮のミサイル実験を受けて「核武装を議論すべき」と発言し、訪米してもアメリカ側にほとんど会ってもらえなくなるほど猛反発を受けた。

核抑止論をアメリカの専門家　シュルツ元国務長官すら疑問視し出した時代、私にはちょっと時代錯誤としか思えない。シュルツ元国務長官は講演で、核はあっても各地の地域紛争の抑止にはならず、特に核テロに対しては何の効果もないと素直に意見を述べている。

それでは、それらのタカ派なり保守派が日本で食料を作るべきと主張するかというと、中川元蔵相は論理が一貫していたし、石破政調会長も農林議員であり、共通の考えを持っていた。ところが、民主党の安全保障専門家はTPPを推進し、日米同盟を堅持しなければならず、そのためには農業や食料は犠牲になっても仕方ないと言い出す。アメリカの軍事のプロに笑われるであろう。

これまた色褪せた自由貿易をひたすら信奉する人たちは、食料自給率50％など歯牙にもかけず、食料など外国から輸入すればいいとうそぶきつつ、なぜかしら原発は必要で発電の50％を占めなければならないと主張する。そのウランも外国に頼り、かつ石油と同じく枯渇していく。偏ったエネルギー自立論である。

日本の自立を唱える人たちは、なぜ食料もエネルギーもなるべく自国で賄うということを考えないのか不思議である。勇ましいタカ派は主張が情緒的になり、経済効率ばかり重視する自由貿易信者は哲学が欠如していく。

エネルギー安保と食料安保と軍事の比較

ドイツ、スイス、イタリアの脱原発に対して、原発推進の立場の者はすぐに、EUのいわば集団エネルギー安全保障体制、すなわち、いざというときには原発大国フランスから輸入できる。

それに対し、日本は輸入できないという。

これに対する反論は、まず、それなら日本も同じように韓国なりあるいは中国ともロシアともそのような体制にしたらいいのではないかということである。多分、原発推進論者の大半は、食料安保上コメは日本で作られるべしという頭に対して、安いから外国から買っていいという人たちであろう。なぜかしらエネルギー、しかも原子力エネルギーについてだけは突然自給論が出てくるのは不見識である。

そういう点からすると、私は反対であるが、原爆の製造能力を持つために、核燃料サイクルもんじゅが必要だという者が、食料自給率を上げるべく国内の稲作を絶対死守するというなら、論理的矛盾はないが、こういう者に限ってコメなど安い外国から買えばいいという人が多い。つまり、世界の軍事タカ派は、食料もエネルギーも自前で賄うというのが当然の帰結であり、その典型例がフランスである。米軍は置かせず、核兵器は自前、農業保護して自給率は100％を超え、エネルギーも石油がないので原発を推進している。ところが、日本では、軍事的に超タカ派政治家が、平気で農業を切って捨ててよいという。また、エネルギーは自前という原発推進論者が、国内農業などおかまいなしにTPPを推進すべしと主張する。TPPに入り、国境をなくしていくというなら、いっそのこと太平洋をまたいでアメリカから海底送電線を設置して、電力もアメリカから輸入したらいい。

エネルギーも食料と同じく小規模分散で地産地消が最もよい。30年前からエイモリー・ロビンズが『ソフト・エネルギー・パス』で唱える、ローカル・スモール・クリーンエネルギーである。

二重の被災国日本の核不拡散「非核四原則」

まずは原発事故の収束を世界に示す

日本は、唯一の被爆国として核不拡散を全面に押し出してきた国である。それを今になって原子力協定を結んで、あちこちの国に核につながる原発を拡散させるのは矛盾している。

日本の取るべき道はなにか。一方で武器輸出三原則は緩和しつつあるが、究極の危険な武器につながる原発輸出など絶対にしないことである。まずは、世界に向けて、国内での収束をきちんと示すことである。日本の技術の粋や、丁寧な対応を、世界に目に物を言わせて見せ付けることが大切である。震災に対し、日本国民の乱れない対応振りが世界から絶賛された。それと同じことを原発の事故対応で示すしかない。それを、国内はほったらかしにして外国に輸出しては、顰蹙を買うのは当然である。

２０１１年５月７日に浜岡原発の停止を指示し、広島原爆の日に脱原発を繰り返し述べた菅総理は、平気で前日の閣議で原発輸出を確認している。それどころか、ベトナムへの原発輸出を成果の一つとしている。矛盾した発言、行動である。

それだけではない。野田政権に代わってからは、もっと積極的に原子力協定を締結して原発輸出を推進しようとしている。TPPと全く同じく、悪いことが増幅されている。私は、悪夢をまた見ているようで、辛いものがある。恥も外聞もないとは、このことをいうのである。日本の政府の対応は、どうしてこう一貫性に欠けるのだろうか。外からみると、金儲けのためなら、何でも輸出する国と映っているに違いない。そして、国家の品格は地に落ち、先進国としての矜持が疑われる。

見通しが甘い官邸の対応

自民党政権時代は、内閣参与が1内閣1～2名だったのが、民主党になってからでたらめに思いつきで相当数任命されている。鳩山・菅内閣では内閣府参与と合わせて40名近くとなった。これを政治主導というなら願い下げである。粗製乱造がきいたのか、平田オリザ、小佐古敏荘、松本健一と世間を騒がす人が多く見られた。野田内閣に引き継ぐに当たり、全員辞表を提出し交代することになったが、国際協力銀行（JBIC）の前田匡史は再任されている。どういう資格かエネルギー関係副大臣会合にも出席し、原発を推進する顰蹙を買う発言を繰り返している。野田政権の原発に対するでたらめな対応を象徴している。

そして、極め付けは、年末の野田総理の原発事故収束宣言である。避難者や福島県民から怒りの声が上がるのは当然である。これが原発再稼働のみならず、原発輸出をも意図していることは明らかであり、あまりに姑息な手段である。

更にもう一言付け加えたいのは、原発を擁護し続ける読売新聞の論調である。元社主の正力松太郎が原発の平和利用と銘打って推進した社内事情もわかる。原発については、推進一辺倒のTPPと比べ、各社に主張の違いがあるのは健全である。

しかし、事故の反省もなく、原発輸出も政府が後押しすべきと、それこそしつこく推奨したかと思うと、原発の寿命40年にはクレームをつけ、国が規制すべきでないと主張している。援助はしろ、規制はするなでは都合がよすぎる。いくら何でも偏り過ぎであり、良識に反すると疑わざるをえない。

恥ずべき原発輸出セールスマン

ベトナムが2基の原発を造るといっても、自己資金は建設費の2割程度、あとは日本の国際協力銀行の低利融資で、日本が丸抱えで造ってやっているようなものである。ここに前田匡史が官邸に居座る理由がある。ODA（政府開発援助）を使って日本の原発企業を助けているのである。日本の利益にもなっておらず、後述のとおり、国民に顔向けできまい。また、枝野経産相がトルコにわざわざ出向き、福島原発事故以前から進められていたので、国家の信用を損なわないようにそのまま進める、などという屁理屈で、これまた推進しようとしている。トルコもヨルダンと並ぶ地震国であり、原発には不向きな国だ。政府・東電は、原発は地震に耐えたが、100 0年に一度の津波で冷却装置が崩壊した、と今もって見え透いた言い訳を続けている。前原国交相と仙谷国家戦略相（当時）が東芝、日立、三菱重工などの原子炉メーカー幹部とともに、揃ってベトナムに行ったのも含め、原発のセールスマン的行動は、日本の信頼を損ねて余りある。

韓米FTAは、交渉開始から締結まで5年かかった大変な条約である。内容も段違いに多いこともあるが、原子力協定は、ヨルダンは7か月、ベトナムは5か月の交渉期間で成立している。準備の下交渉はあったにしろ、あまりに拙速である。与党内でも国会でも十分な審議を尽くしていない。だから、今はすっかり忘れられているが、福島原発事故当日に東電の勝俣恒久会長は、原発を売り込むため、マスコミを連れて訪中していた。今後は輸出先の原発事故で、製造者責任を問われる恐れもある。それを回避するために「原子力損害の補完的補償に関する条約」があるが、日本は福島原発事故後に、慌てて加盟を検討し始める体たらくである。原発事故の対応の準備を怠っていたのと同じく、悲願の原発輸出の準備すら進んでいなかったのだ。

原発事故は被害が一国に限定されず、海洋汚染ではないが、地球全体に及ぶ。ただ、現在の世界の電力の85％は化石燃料に依存し、原子力は消費エネルギーの数％に過ぎない。やめようと思えばやめられる段階にある。放射能汚染は、数十年から数千年続く。日本は、原爆も原発もやめていくことにこそ貢献すべきである。

原発事故収束技術は国が全面援助して維持する

原発をここでやめると技術も廃れ、優秀な人材も集まらなくなるとよく言われる。事故を起こさなくとも廃炉に数十年かかる。原発事故をどのように収束していくかというのは、人類にとって大事な技術であり、大命題である。この際、原発の安全管理は、国が責任をもってやるべきであり、東電や関電に任せておく話ではない。それには防衛大学校に原子力工学科を設け、国が優秀な学生、技術のプロ、危機管理のプロを育成するしかない。外国留学の機会も与え、この人材を世界の原発の監視人にしたて、事故が起こったら日本が出動する。これこそ日本の教訓を生かすことになるのではないか。

今回の事故処理、使用済み核燃料の扱い、廃炉をどうするか等、原発の負の遺産をどうするか専門家が絶対必要である。つまり、今までの「原子力ムラ」の御用学者（？）の皆さんに心を入れ替えてもらい、違った角度から精力的に研究してもらう以外にない。もっと具体的な例でいえば、田中知日本原子力学会会長（東大教授）を小出裕章京大原子炉実験所助教に代えてもらい、新たな方向に向けて研究しだすこと、つまり原子力ムラの政権交代である。国の審議会等に、今までのけ者にしていた反原発の学者を数人入れるぐらいでは流れは変わらない。一挙に大胆に変えなければならない。

チェルノブイリの本格的な事故処理は、核戦争による核爆発に備えて訓練をしたソ連軍がピカロフ大将の指揮下で命をかけて収束作業に取り組んだ。このことは、4章で紹介した。原発の危機管理は、今日の体たらくを見れば、とても経済産業省にも東電にも任せられないし、原子力規制庁も無理だろう。日本も国策として原発の危機管理も防衛省、自衛隊（陸上自衛隊）に担ってもらうしかあるまい。専門家をきちんと育成でき、国家のために命を投げ出す覚悟と使命感を持った集団でなければ、とても事故対応などできまい。

今回の大震災における自衛隊の働きをみても、日本国を最後に守ってくれるのは、自衛隊しかないとわかったのではないだろうか。原発事故対応こそ国家の緊急事態であり、戦争なのだ。自衛隊にお出まし願うしかない。

二重の被災国日本は大声で脱原発宣言を

これに対し、日本が輸出しないと更に韓国、ロシア、フランスが原発を輸出して漁夫の利を得てしまうし、中国も乗り出すという反論があろう。韓国はアラブ首長国連邦から原発を受注し、フィンランドにも手を伸ばしている。韓国が米・ＥＵとＦＴＡを結んだことをきっかけに、経済界が突然ＴＰＰの大合唱を始めたのと同じく、日本の原発業界は韓国の原発輸出に焦りを感じたようだ。同じ過ちをここでも繰り返している。そこに外務省、経産省、官邸が見境なく追従している。自民党政権をはるかに凌ぐ、官僚主導への盲目的追従である。

野田総理は、就任早々の国連の演説で、あろうことか原発輸出を表明し、全く逆のことをやりだした。世界はびっくりしたであろう。その後も原子力四協定を承認し、早々と福島原発事故の収束を宣言し、国内外に原発は大丈夫だというシグナルを送ろうとしている。メルケル首相の率いるドイツとあまりにも違う対応である。

日本はどっしり構えるべきである。ヒロシマ、ナガサキの上にフクシマが加わったのだ。原爆の被災国のみならず、原発事故の被災国にもなってしまった。残念ながら悲惨な目に三度もあっている特殊な国なのだ。核についてどれだけ慎重になり禁欲的になろうと、世界の国々はそれを重く受けとめてくれるはずである。核兵器のみならず、原発も声高らかに廃止宣言し、原発を造るような国には付き合い方を違えればよい。日本の原発関係者は、福島原発事故から何を学び何を反省しているのだろうか。世界は、日本が福島原発事故の後、原発にどのように対応していくかを、固唾をのんで見守っていることを忘れてはならない。

国際社会で原子力協定を結び、軍事への転換を止めながら、実は金儲けを優先して原発を輸出するのは、国内で絶対安全と言い続けてきた虚構と瓜二つである。北朝鮮やイランの例をみるまでもなく、いつ何時原爆に転換されるかもしれないのだ。我々は、この虚構から脱出しなければならない。日本が今果たすべきは、原発事故の悲惨さを世界に紹介し、安易に原発に依存する国に警鐘を鳴らし、二度と同じ目にあわないようにすることである。

日本は核不拡散、脱原発路線を世界に示す

残念ながら、今もあちこちで紛争が絶えない。かつて、核抑止論を振りかざしていた、アメリカのシュルツ元国務長官は、最近の講演で、アフガン紛争も何も核抑止力で防げず、テロ抑止も働かないと述懐している。その上で、福島の原発事故を例にとり、人間のミスは防げず、原発がイランや北朝鮮へ核を拡大する原因にもなりかねないと警告している。日本では潜在的核保有国を示すための、核燃料サイクルやもんじゅの継続がまことしやかに言われているが、世界の軍事、外交の権威が核抑止論を過去のものと言い出したのである。そして、原爆につながりかねない原発をＬＤＣに広げることに異を唱えている。

日本はシュルツ元国務長官の警告に従い、非核三原則にもう一つ、「原発を輸出しない」を加えて「非核四原則」を宣言すべきである。平和希求国家であることを世界に示すことのほうが、前述の潜在的核保有国の地位を保つより、ずっと核攻撃を抑止できる。

私の脱原発への道筋〜あとがきに代えて〜

日本有機農業研究会霞ヶ関出張所員

私は、農林水産省の若手だった頃、「21世紀は日本型農業で」という長い農業関係論文を書き、その一部が１９８２年秋「米国農業の知られざる弱さ」というタイトルで「エコノミスト」に掲載された。それをきっかけに、当時のオピニオン雑誌「朝日ジャーナル」で、規模拡大やアメリカ型農業の推進を論ずる叶芳和と対談した。作家野坂昭如も対談を聞きたいと同席していた。

その後、日本有機農業研究会の初代会長である一楽照雄から「君の話を聞いてやる」と言って呼び出され、それ以来、全国各地の有機農業研究会の会合に出かけ、交流の輪が広がっていった。一楽会長は農林中金から請われて全中専務となり、農薬と肥料の販売で農協再建に貢献したが、その反省もあり農薬を拒否していた。私は、有機農業のシンパになっていき、それを省内でできるかぎり政策に反映しようとした。

日本有機農業研究会の皆さんからは、そうした私の役割を、「日本有機農業研究会霞ヶ関出張所員」と冷やかされた。

アメリカの資源収奪型農業への疑問

そのときに、「篠原さんが有機農業を理解し、バックアップするようになったきっかけは何ですか」と聞かれて困ることがあった。そんなことなど、自分では考えたこともなかったからだ。

思い起こすととてつもなくでかいアメリカ農業との出会いがある。私は1976年秋から2年間、アメリカに留学させてもらった。1年半はシアトルのワシントン大学で海洋法を中心に勉強し法学修士号を取ったが、半年間はどうしても中西部の農業を見たいと思い、カンザス州立大学農業経済学部に所属し、専ら中西部の農業を見て回った。そこで、あまりの広さにビックリするとともに、その自然・資源収奪型農業に疑問を感じた。つまり、ヘリコプターを使って農薬を撒き、除草剤も山ほど撒き、化石水と呼ばれる地下水を汲みだして使う、工業的ならぬ「鉱業的農業」である。日米のあまりの違いに圧倒されるとともに、日本のように、自然に働きかけ自然の恵みをいただくような農業でなくては持続しない、と考えられるようになった。これが一つの直接的なきっかけではある。

養蚕から果樹に変えた北信州の農業

しかし、質問者は、なぜそう感じたか、もっと根源的理由があるはずだという。そして後から思いついたのが、今は亡き母が見せた子を守る姿勢である。

長野北部の農業は、私が小学生の１９５０年代中頃までは養蚕が盛んだった。長男の私は、祖父から「孝」と名付けられ、跡取りとして優遇されていた。しかし、跡を取っても蚕を飼うのだけは嫌だった。なぜかというと、蚕のシーズンになると、座敷から茶の間からすべて蚕に奪われ、祖父母、父母、我々兄弟３人の７人は、お勝手の片隅で生活しなければならなかったからである。臭いも嫌いだった。農作業は小さい頃から手伝い、最初の手伝いは、黄ばみ始めた蚕を拾う上蔟《じょうぞく》作業。始まると徹夜作業になり眠くなるが、そのときに、生来お喋りの私を真ん中に置いて、私をかまっていると眠らずに済んだからだ。３㎞隣の私の母の実家からも「こんばんは、孝を貸してくんねえかい」と借りにこられたという。つまり私は３歳ぐらいの頃から深夜放送ラジオ代わりになり、農業生産に貢献したことになる。それはいいとして、この頃の習性でお喋りの癖がついたのかもしれない。

ところが、よくしたことに私が心配する前に、養蚕は廃れていった。青森からりんごが導入され、消毒作業が行われるようになったからだ。蚕は弱い生き物であり、農薬が少しでもついていると生きていられなかった。またたくまに養蚕は消えていき、りんご一色になった。

それでも私の祖母は山の土手に残った桑で、死ぬまで納屋で蚕を飼い続けた。

勤勉だった私は、農作業をよくする孝行者だった。その点では、孝の名前に恥じなかった。学校から帰ると消し炭で、どこの畑に行くか書いてあり、子供用の地下足袋を履き、手甲をはめて畑に行った。稲刈りも田植えも小学校の上級学年になると、大人にひけをとらなかった。中学生のときには、青森から公民館に泊り、手伝いのおばさんが来ていた。摘果や袋掛けを一緒にしたが、一日に何袋掛けたかということで計算できることになる。私は、プロのおばさんたちにひけをとらなかった。手は多少のろかったかもしれないが、やせているので枝に乗っても折れず、背が高く、はしごを掛ける分がそれだけ節約できたからである。

母の直感による農薬散布作業の免除

消毒作業も当然手伝わされた。その当時はスピードスプレーヤーもない。りんご畑や桃畑の隣に大きなコンクリートの土管が置いてあり、そこに水をため、ホースで畑中を消毒するというものだった。子供の大事な役割は、消毒液が木からポタポタ落ちる中、ホースが引っかからないよう引っ張ることである。もう一つは、その大きな土管で攪拌する作業であった。長男の私がその作業を最も頻繁にやっていた。今から考えると農薬をたくさん吸い込む悲惨な作業だった。ところが、いつの頃からかその農薬散布の作業から、我々兄弟は免除されることになった。

母が生来の「頭病み」つまり頭痛持ちで、農薬にはとびきり弱かった。母は気づいたのだそうだ。自分の体にこれだけ悪い農薬は、子供の体にとっても絶対悪いに違いない。子育てが終わった自分はいいとして、これから子供を作らなければならない息子たちに、こんな危険な作業をさせるわけにはいかない。祖父はカンカンに怒ったが、母が頑として譲らず、我々兄弟は農薬散布作業から解放された。

それから十数年経ち、その当時散布していたホリドールやパラチオンが、催奇性、発癌性があるということで次々に禁止されていった。あまりにも遅い。私の体だけならまだしも、私の子供やその子孫にまで取り返しのつかない悪影響が残ってしまっているに違いない。それがゆえに、私にはいつのまにか農薬に漠然とした不信感が育っていた。つまり、私のエコロジカルな考えや有機農業への共感は、母の子を守る姿勢から自然と体に染みついたのだ。その母は、２０１１年10月、ひ弱な体の息子の健康を心配しつつ88歳の生涯を閉じた。

自然が育てる感性・価値観

それからもっと根源的なことを言えば、山紫水明でそれこそ美しい日本の故郷の代表とも言えるような、北信濃に育ったことも挙げられる。誰でも口ずさむ日本の唱歌「春の小川」「ふるさと」「朧月夜」等の作詞家の高野辰之は、隣の豊田村出身であり、今は合併し中野市になっている。「証城寺の狸囃子」「カチューシャの唄」「東京音頭」等の作曲家、中山晋平は中野市生まれである。つまり日本の故郷を詠った高野辰之、曲にした中山晋平、二人とも現在の中野市出身である。

農薬も除草剤もなかった頃の田んぼには、佐久ほどではないが鯉が放たれていた。それが川に流れ出て、くりんづち（固い土をくだく道具）とボテ（ザル）でもって魚を捕まえるのが楽しみであった。また、川で泳ぎもした。ところが、農薬や除草剤が使われるようになると、川が汚染され、泳ぐことは禁止されたのに、プールもできなかった。プールができたのは、中学3年の秋だった。私より上の世代は川で泳ぎ、私より下はプールで泳いで泳ぎができるが、哀れ私の世代はカナヅチが多い。この点でも農薬や除草剤には恨みがある。

小学校の熱血恩師の教え

いつの頃からか、この美しい国土、きれいな水や緑を守りたいという考えが、私のどこかに潜むようになっていた。人工物だらけの大都会で育った人とは違う考えになっても仕方あるまい。

それではなぜ、脱原発か。ここからはすぐにわかっていただけると思う。食べ物の安全性を考えていった場合、農薬、除草剤、食品添加物、成長ホルモン、抗生物質といろいろな問題があるが、放射能汚染こそ究極の汚染である。当然の流れとして、原発には疑問を持たざるを得なくなっていく。

それだけではなかろうと考えると、もう一つ小学校の3年から4年間担任をしていただいた、池田一男先生に行き当たる。第五福竜丸事件、そして久保山愛吉さんという、ビキニ環礁の水爆実験の後、死の灰を浴びて亡くなった人の名前を今でも覚えている。熱血漢の池田先生が我々に教えたのである。それが今でも頭の片隅に残っている。

農林水産省に入り、仕事として食べ物の安全性を気にしだすと、原発による放射能汚染は、当然射程距離内に入ってくる。

経済成長一辺倒への疑問

私が、前述の初の論文を書いたのは、内閣の総合安全保障関係閣僚会議担当室に出向していた頃である。1980年10月から1982年10月まで、約2年間在職した。最初は忙しかったがその後、鈴木善幸内閣が、行政改革に力点を移したので、比較的余裕ができた。その間にたっぷり本を読み、勉強させていただいた。そのときに、大量に本を読んだことが今、私の考え方の基礎を支えている。

その直前1979年、スリーマイル島の原発事故が起きた。私は、原発の危険性を再認識し、その関連の本を読み漁った。槌田敦、槌田劭、室田武、藤田祐幸、槌屋治紀、広瀬隆といった人々の反原発本、正確に言うと、環境本と言ってもいいだろう。シューマッハーの『スモール・イズ・ビューティフル』(講談社)、リフキンの『エントロピーの法則』(祥伝社)、ロビンスの『ソフト・エネルギー・パス』(時事通信社)等の翻訳もの、今で言う、低成長ものを貪り読んだ。その中に、もう既に今の原発事故を予測している記述があった。それがくっきりと頭の中に残ることになった。私はそれ以来「原発ウォッチャー」になった。

縁あって槌田敦等に省内の若手の勉強会に来てもらったり、同じ会合に出たりした。そして、過激なエコロジストたちの集うエントロピー学会に加入し、時たま勉強会に出席し、「環境」の輪が次々に広がっていった。

4人の大先輩からのラブコール

前述の「エコノミスト」に掲載された私の記事を読んだ、滋賀県大津市の篤農家、松井浄蓮が作務衣に下駄姿で、内閣総合安全保障担当室のあった総理府のビルに訪ねてきた。私を見たとたん「ふうむ、ふうむ」と唸っていた。80歳を超えたおじいさんが「エコノミスト」の記事を読み、どうしても会いたくなったといって突然上京してきたのである。そして私は大津の「麦の家」で開かれる勉強会に、一年に一回はゲストスピーカーとして招かれることとなった。その聴衆中に、猪木正道京大教授、高野山のお坊さん、そして若き日の武村正義滋賀県知事もいた。これ以降、私は、一楽照雄に加え、松井浄蓮にも連れられ、それぞれのグループの小さな会合に駆り出されることとなる。松井は農業基本法制定時から農政を追っており、井出一太郎元農相とも懇意で、以後、誠に奇妙な三人で会食することが二度三度あった。

二人揃って朝早く我が家に電話を掛けてくるのは共通だった。妻には、「私や子供たちよりも二人のおじいさんたちを大事にしている。他は断っても、二人のおじいさんたちの要請は断らない」と見抜かれてしまっていた。老い先短いだろうと思って、彼らの要請は一度も断らずどこへでも出かけて行った。

そこに更にもう一人、財界の碩学、小島慶三も加わることとなる。こちらは経済同友会の農政担当で、議論を重ねるうちに意気投合した。経団連の農政提言は、財界の都合そのもので、傾聴に値するものはほとんどなかったが、農業を生命系産業と捉え、日本の徒に外に噴出する姿勢、すなわち輸出ばかりに力を入れることに疑問を投げかける提言は、うなずけることがちりばめられていた。私が共感を覚えたのと同様に、小島も私を一役人以上とみてくれたようだ。以降、全国にある小島塾の勉強会に連れて行かれ、小島夫人からは「主人とほんとに同じ考えの人ね」と言われた。私自身、小島慶三の著書の一言一句みな納得した。東京商科大学（現一橋大）を出て企画院に入り、経済企画庁、通産省の役人ながら、著作を重ね、今里広記に請われて日本精工に入り、芙蓉石油副社長も務めた。卒論は農業であり、エネルギーから一般経済とまさに博覧強記、日本のシューマッハーだった。江戸を見直すこと、再生可能エネルギーへの転換でも同じだった。後に細川護煕に誘われ、日本新党の参議院議員になり驚いた。順位を各党から決められる拘束比例代表制ゆえの繰り上げ当選組である。制度が変わり、自ら票を集めなければならなくなり、今はこの手の良識と見識に溢れる参議院議員は少なくなった。

しかし、後に私が国会議員になったことには、逆にもっと驚かれた。

全く同じ頃、つまり拙論が初めて世に出た頃、会ったこともない大先輩、農林水産省の所秀雄から長い手紙が届いた。畜政課長、在米大使館勤務の後、若くして退官、畜産関係の会社を設立し、成功した後、有機農業、環境保全運動に乗り込んでいた。後に、ＯＥＣＤの環境ＮＧＯの会合に出席してもらい、ＷＷＦ（世界自然保護基金）やグリーンピースを圧倒し、東洋思想からの環境ＮＧＯのあり方をとうとうと流暢な英語で話し、満場を唸らせた。やせた風貌といい禿げた頭といい、禅宗の坊さんを思わせたのだろう。

なぜか、この4人の哲学者なり求道者然とした大先輩に好かれてしまった。彼らの願いはほとんど聞き入れ、休日返上で、シンパの皆さんの会合を日本中あちこち駆け回った。前の二人とも私の祖父に近い年齢であった。会合に私は講師として招かれていったが、むしろ現場の声を聞き、教えてもらうために行ったようなものである。私の現場優先主義はここで定まった。全国各地に知人・友人も増えた。

政界に広がるエコの輪

日本有機農業研究会やエントロピー学会の皆さんで、私が後々国会議員になるなどということを予想した人はほとんどいなかったのではないかと思っている。私は2003年秋、羽田孜、北沢俊美、堀込征雄の3人の強い要請によって農水省を辞し、総選挙に出ることになった。先輩たちに挨拶に行ったところ、多くの人たちが半年後の参議院選挙に出馬するものと勘違いして激励してくれた。「君は全国にファンがいるから大丈夫だ」。しかし、世界一長い政治家系の小坂憲次衆議院議員が相手の選挙だというと、一様に顔を曇らせ心配した。一方、全国の友人の皆さんからは、なぜ全国区で出ないか、応援できないではないかと苦情を言われた。

そのときには、国会議員として真っ先に応援に駆けつけてくれたのが、みどりの会議代表中村敦夫参議院議員である。拙著『農的小日本主義の勧め』の読者の一人であり、東京選挙区であるにもかかわらず、農林水産委員会に所属した。テレビドラマ「木枯し紋次郎」として一世を風靡した後、テレビのレポーターとして世界を駆け巡るうちに、虚飾の日本に疑問を持つようになり、エコロジストになっていった。

１９８５年に出版した私の最初の本格的な本『農的小日本主義の勧め』には、数多くの読者から手紙をいただいたが、その中に毛筆で書かれたものがあった。新潟県の弁護士で、生物資源を活用した国づくりをしていくべきと考えていたが、隣の県で同じようなことを考えている人がいて心強いといった内容のものであった。数か月後、それを引っ提げて衆議院議員選挙に打って出ると、続けて手紙が来た。25年後の２０１０年、一緒に農林水産副大臣を務めることになった筒井信隆衆議院議員である。徹底したエコ代議士であり、「バイオマス文明」にすべきと本まで書いている。25年前には同じ党の国会議員になるとは夢にも思わなかった。典型的な異な縁である。

麦の家以来の付き合いが続いていた武村知事は、中央政界に入り官房長官、大蔵大臣を務めた。知事時代、琵琶湖の水を守ろうとし、衆議院議員になってからも環境関係で活躍した。元知事で、環境保全論者、有機農業のシンパという点で、細川護熙首相と共通であり、実は面白いコンビだった。

武村元蔵相は、『小さくともキラリと光る国』（光文社）という著書のタイトルは拙著の小日本主義からヒントを得たと、選挙応援のときにヨイショ話で紹介してくれた。武村元蔵相には今、私の全国後援会の会長をしていただいている。

細川首相にも、一対一で『農的循環社会への道』（創森社）の講義をしている。熊本県知事時代、有機農業を熱心に進めていたことはあまり知られない。

宇宙飛行士にふりかかった原発事故

同じような価値観を持った細川、武村コンビの誕生は何も偶然ではなく、時代が必要としたのである。

中村敦夫と似たような経歴で、有機農業にのめり込み、福島県の船引町（現田村市）に古い民家を移築して住み着いたのが、日本人初の宇宙飛行士、秋山豊寛である。同好の士として知り合い、自宅の囲炉裏《いろり》のある家の勉強会にも出かけて行った。外国人特派員として世界を駆け巡るうちに、日本という国の有様に疑問を感じ、職を早々と辞した。有機農業のシンパとなり、ジャーナリストからエコロジストになっていく点で、中村と共通である。

ところが、星のよく見えるのどかな農村ということで終いの住みかとした地は、不運にも福島第一原発から三十数㎞の場所だった。仙人的境地になった人の住めるところではなくなってしまった。とんだ災難である。

幾多の友人、知人の声を背負う

このように、私のエコロジスト、環境グループの輪は、際限なく広がっていった。だからその延長線上に当然、反原発・脱原発があった。ただ、そんなことは政治課題にもなっていなかったし、皆さんに声高に話す必要もなかったので、知られないままに過ぎ去っていたと思う。

原発は、政治が止めなければならない。細川、武村コンビだったら、メルケル首相よりも速やかに脱原発を決めたに違いない。しかし、残念ながら今の民主党の政権幹部の中に、原発輸出など世界に対する大恥だとわかり、止める者がいない。政治（政治家）の劣化の一つである。

私が出会った幾多のエコロジストの皆さんには、私が原発をやめさせるために行動しなかったら叱られてしまうであろう。柏崎刈羽原発から約80㎞の私の故郷を守るためにも、そして自然とともに生きる農民をこれ以上困らせないためにも、日本国民と日本国をすさまじい放射能汚染から守るためにも、私は原発をなだらかに止めていくために働かなければならない。

私は今、はからずも国会議員として国の政策決定に関与できる好運に恵まれていることに感謝しつつ、脱原発を私の政治活動の一つにすることを改めて決意した次第である。

著者

◆参考文献一覧

*文献は出版年月の新しい順に配置

〈原発〉

レベル7　東京新聞取材班　幻冬舎　2012・2
ホットスポット　NHK ETV取材班　講談社　2012・2
放射能から子どもの未来を守る　児玉龍彦　金子勝　ディスカヴァー・トゥエンティワン　2012・1
検証 原発労働　日本弁護士連合会　岩波書店　2012・1
検証福島原発事故・記者会見　日隅一雄 木野龍逸　岩波書店　2012・1
なぜメルケルは「転向」したのか　熊谷徹　日経BP社　2010・1
原発のコスト　大島堅一　岩波書店　2011・12
国民のためのエネルギー原論　植田和弘　梶山恵司　日本経済新聞出版社　2011・12
脱原発の経済学　熊本一規　緑風出版　2011・11
原発危機の経済学　齊藤誠　日本評論社　2011・10
日本列島の巨大地震　尾池和夫　岩波書店　2011・10
脱原子力社会へ　長谷川公一　岩波書店　2011・9
内部被曝の真実　児玉龍彦　幻冬舎　2011・9
全国原発危険地帯マップ　武田邦彦　日本文芸社　2011・9
自分と子どもを放射能から守るには　ウラジーミル・バベンコ　世界文化社　2011・9
「脱原発」成長論　金子勝　筑摩書房　2011・8
美しい村に放射能が降った　菅野典雄　ワニブックス　2011・8
原発・放射能図解データ　野口邦和　大月書店　2011・8
原発はいらない　小出裕章　幻冬舎ルネッサンス　2011・7

脱原発社会を創る30人の提言　池澤夏樹 他　コモンズ　２０１１・７
放射能を防ぐ知恵　小若順一　今井伸　三五館　２０１１・７
原発はなぜ日本にふさわしくないのか　竹田恒泰　小学館　２０１１・６
原発社会からの離脱　宮台真司　飯田哲也　講談社　２０１１・６
原発のウソ　小出裕章　扶桑社　２０１１・６
福島原発メルトダウン　広瀬隆　朝日新聞出版　２０１１・５
放射能汚染の現実を超えて　小出裕章　河出書房新社　復刊２０１１・５
日本の原発、どこで間違えたのか　内橋克人　朝日新聞出版　２０１１・４
原発に頼らない社会へ　田中優　ランダムハウス　２０１１・４
隠される原子力　核の真実　小出裕章　創史社　２０１０・12
原子炉時限爆弾　大地震におびえる日本列島　広瀬隆　ダイヤモンド社　２０１０・８
朽ちていった命―被曝治療83日間の記録　ＮＨＫ「東海村臨界事故」取材班　新潮社　２００６・10
放射能で首都圏消滅　食品と暮らしの安全基金　三五館　２００６・４
脱原発のエネルギー計画　藤田祐幸　高文研　１９９６・２
循環の経済学　室田武 他　学陽書房　１９９５・４
大地動乱の時代―地震学者は警告する　石橋克彦　岩波書店　１９９４・８

〈チェルノブイリ〉
チェルノブイリの菜の花畑から　河田昌東　藤井絢子　創森社　２０１１・９
チェルノブイリ診療記―福島原発事故への黙示―新版　菅谷昭　新潮社　２０１１・７
巨大地震が原発を襲う―チェルノブイリ事故も地震で起こった　船瀬俊介　地湧社　２００７・９
チェルノブイリいのちの記録　菅谷昭　晶文社　２００１・10
チェルノブイリからの伝言　日本チェルノブイリ連帯基金　オフィス・エム　２０００・９
原発事故を問う―チェルノブイリから、もんじゅへ　七沢潔　岩波書店　１９９６・４

参考文献一覧

チェルノブイリと地球　広河隆一　講談社　1996・4
検証チェルノブイリ刻一刻　ピアズ・ポール・リード　文藝春秋　1994・8
チェルノブイリの遺産　ジョレス・メドヴェジェフ　みすず書房　1992・10
内部告発―元チェルノブイリ原発技師は語る　グレゴリー・メドベージェフ　技術と人間　1990・6
チェルノブイリは女たちを変えた　マリーナ・ガムバロフ他　社会思想社　1989・6
チェルノブイリ―アメリカ人医師の体験　R・P・ゲイル　T・ハウザー　岩波書店　1989・1
チェルノブイリのメィデー　H・ハンマン　S・パーロット　一光社　1988・12
チェルノブイリ食糧汚染　七沢潔　講談社　1988・11
ドキュメントチェルノブイリ　松岡信夫　緑風出版　1988・8
危険な話―チェルノブイリと日本の運命　広瀬隆　八月書館　1988・6
チェルノブイリからの証言　ユーリー・シチェルバク　技術と人間　1988・3
ポスト・チェルノブイリを生きるために　藤田祐幸　御茶の水書房　1987・10
チェルノブイリの雲の下で　田代ヤネス和温　技術と人間　1987・5
われらチェルノブイリの虜囚　高木仁三郎　三一書房　1987・4

篠原孝国会事務所

〒100-8981 東京都千代田区永田町2-2-1
衆議院第一議員会館719号室
http://www.shinohara21.com/blog/

原発事故避難区域の実験畑のヒマワリが咲く
（福島県飯舘村で。2011年8月）

装丁 ——熊谷博人
デザイン ——寺田有恒
ビレッジ・ハウス
校正 ——吉田 仁

著者プロフィール

●篠原 孝(しのはら たかし)

1948年、長野県生まれ。京都大学法学部卒業。1973年、農林省入省。内閣総合安全保障関係閣僚会議担当室、農林水産省大臣官房企画室企画官、OECD日本政府代表部参事官(パリ)、水産庁企画課長、農林水産政策研究所長を務める。農学博士(京都大学)。2003年より衆議院議員。菅内閣で農林水産副大臣、2011年9月民主党副幹事長を歴任。なお、TPPを慎重に考える会副会長、菜の花議員連盟前会長などを務める。

著書に『農的小日本主義の勧め』(復刊、創森社)、『第一次産業の復活』(ダイヤモンド社)、『EUの農業交渉力』(農文協)、『農的循環社会への道』(創森社)、『TPPはいらない！』(日本評論社)など多数

原発廃止《げんぱつはいし》で世代責任《せだいせきにん》を果《は》たす～放射能《ほうしゃのう》汚染《おせん》は害毒《がいどく》 原発《げんぱつ》輸出《ゆしゅつ》は恥《はじ》～

2012年4月20日　第1刷発行

著　　者——篠原《しのはら》 孝《たかし》

発 行 者——相場博也

発 行 所——株式会社 創森社

〒162-0805 東京都新宿区矢来町96-4

TEL 03-5228-2270　FAX 03-5228-2410

http://www.soshinsha-pub.com

振替00160-7-770406

組　　版——有限会社 天龍社

印刷製本——中央精版印刷株式会社

ISBN978-4-88340-270-0 C0036